# 奶牛生产应激与调控

张凡建　著

中国农业大学出版社
·北京·

## 内 容 简 介

本书系统而全面地总结了国内外在奶牛生产应激，特别是热应激和代谢应激方面的研究现状，并在此基础上开展深入研究。在热应激方面，深入探讨了热休克蛋白在热应激奶牛抗氧化和炎症反应过程中的作用及有机铬的调控机制；在代谢应激方面，阐明和揭示了胎次和产前肥胖对围产期奶牛脂肪代谢的影响，以及过瘤胃胆碱对脂质代谢的调控作用。通过以上研究，为奶牛热应激和围产期代谢应激的科学防控提供了理论依据和技术支持。

本书可作为奶牛养殖领域的技术人员、大专院校相关师生和科研院所相关研究人员的参考用书。

**图书在版编目(CIP)数据**

奶牛生产应激与调控／张凡建著. —北京：中国农业大学出版社，2020.6
ISBN 978-7-5655-2396-0

Ⅰ.①奶… Ⅱ.①张… Ⅲ.①乳牛-生理应激-研究 Ⅳ.①S823.9

中国版本图书馆 CIP 数据核字(2020)第 140747 号

**书　　名** 奶牛生产应激与调控
**作　　者** 张凡建 著

**策划编辑** 张 程　　**责任编辑** 田树君 许晓婧
**封面设计** 刘佳琦
**出版发行** 中国农业大学出版社
**社　　址** 北京市海淀区圆明园西路 2 号　　**邮政编码** 100193
**电　　话** 发行部 010-62733489，1190　　**读者服务部** 010-62732336
编辑部 010-62732617，2618　　**出 版 部** 010-62733440
**网　　址** http：//www.caupress.cn　　**E-mail** cbsszs@cau.edu.cn
**经　　销** 新华书店
**印　　刷** 北京时代华都印刷有限公司
**版　　次** 2020 年 9 月第 1 版　2020 年 9 月第 1 次印刷
**规　　格** 787×1 092　16 开本　12 印张　180 千字
**定　　价** 69.80 元

# 前　言

近十余年来，随着世界范围内奶牛规模化养殖的迅速发展，影响奶牛生产的应激原也日趋增多，这其中包括冷热环境、营养代谢、产犊分娩、长途运输、犊牛断奶、环境污染和疾病挑战等，对奶牛福利和健康构成威胁，严重影响奶牛产奶量和繁殖性能，给奶牛生产带来重大损失。据报道，仅热应激导致的产奶量下降一项，就导致美国乳制品行业每年损失达 12 亿美元。在目前无法完全消灭应激原的情况下，有必要致力于深入研究应激发生的机制，识别并减少奶牛场应激原，及时发现应激并采取积极的应激缓解措施，将应激危害降到最低，最大限度地发挥奶牛的生产性能，这对推动奶牛生产可持续发展、提高牧场经济效益具有重要的意义。

本书系统地总结了国内外在奶牛生产应激，特别是热应激和代谢应激方面的研究现状，并在此基础上开展深入研究。在热应激方面，深入探讨了热休克蛋白在热应激奶牛抗氧化和炎症反应过程中的作用及有机铬的调控机制；在代谢应激方面，阐明和揭示了胎次和产前肥胖对围产期奶牛脂肪代谢的影响机制，以及过瘤胃胆碱对脂质代谢的调控作用。通过以上研究，为奶牛热应激和围产期代谢应激的科学防控提供了理论依据和技术支持。

感谢北京市自然科学基金项目（6152005 和 6182005）、北京市农业科技推动项目（20180132）和北京市教委科技计划面上项目（KM201112448001）为本研究工作的顺利开展提供的经费保障；感谢中国农业大学动物医学院王九峰教授和北京农业职业学院畜牧兽医系侯引绪教授的悉心指导；感谢中国农业大学动物医学院朱要宏教授在试验设计中的无私帮助；感谢中国农业大学动物医学院内科教研室岳圆、李丹、翟丛丛、张亦驰、徐聪、吴琼、翁晓刚、宋泉江、张伟、刘明超、安立刚等同学在样品采集和实验室检测中给予的帮助；感谢北京农业职业学院畜牧兽医系孙健副教授、蔡泽川教授、关文怡副教授、艾君涛高级实验师等在动物临床实验中给予的帮助；感谢北京金银岛牧场王炎场长提供的动物实验场地和条件；本书还参考了众多学者的研究资料，吸收了许多前人的研究成果，在此一并表示衷心感谢。

奶牛生产应激涉及动物生理学、病理学、免疫学、分子生物学、临床诊断学等学科，是个极其复杂的过程。由于作者水平有限和研究视野狭窄，加之时间仓促，我们的研究肯定有很多不足之处甚至谬误和纰漏，恳请读者不吝指教。

张凡建

2020年2月3日

# 目　录

# 第一章　奶牛生产应激

## 第一节　应激的概念及应激反应

### 一、应激的概念

“应激”一词译自英文“stress”，原意为“紧张、压力、应力”，1936 年，加拿大病理生理学家 Hans Selye 首次提出“应激”的概念，即机体对外界或内部的各种异常刺激所产生的非特异性应答反应的总和。应激原是强度足够引起应激反应的任何刺激的总称。由于应激的研究来自不同领域，比如生物医学角度或者自然种群角度等，应激的定义还存在很多分歧（Bijlsma 和 Loeschcke，2005；Boonstra，2013）。奶牛生产经常会受到冷热环境、营养代谢、产犊分娩、长途运输、犊牛断奶、环境污染和疾病挑战等各种应激原的影响。

应激威胁奶牛体内平衡，特别是导致奶牛能量维持需要量的增加。这就意味着奶牛必须消耗更多的能量来促进身体机能的恢复，这必然增加生产成本，降低生产效率。更重要的是，各种应激还对奶牛福利和健康构成威胁，严重影响奶牛产奶量和繁殖性能，给奶牛生产带来重大损失，越来越受到奶牛生产企业的高度关注。为了保证畜牧生产的高产、高效，减少或避免应激造成的损失，应该了解奶牛生产中应激发生的机理。

### 二、应激反应

应激反应可以分为急性和慢性 2 个阶段。急性应激反应是从应激开始后持续几分钟至几天。急性应激反应的激活是由对环境变化做出反应的各种受体启动的。应激传入通路将这些信息传递到中枢神经系统，包括丘脑和下丘脑，并传递到用于感知的大脑皮层（图 1-1）。这些中心随后激活各种传出通路，以对环境做出回应。急性反应是由自主神经系统促进儿茶酚胺和糖皮质激素的释放，从而改变新陈代谢并激活参与急性反应的转录因子。应激的慢性反应是由内分泌系统驱动的，改变组织对稳态信号的敏感性，从而产生一种新的生理状态。

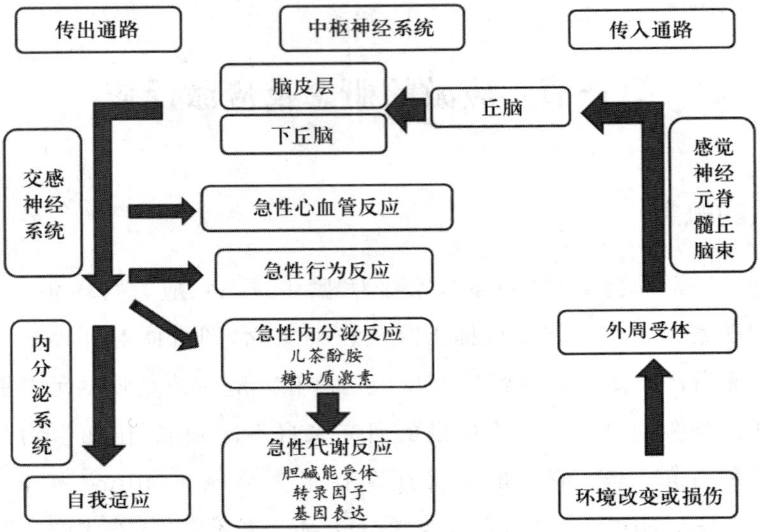


**图 1-1　应激反应路径示意图**（Collier 等，2017）

环境适应（acclimatization）是动物适应自然环境中多种应激原的过程。需要强调的是，环境适应和自然选择是有区别的。自然选择是指动物表型发生变化，并且将这种新的表型基因遗传给下一代。而环境适应适用于当清除环境应激原后，适应环境的动物表型会恢复到原有状态（Collier 等，2004）。环境适应是一个需要几个星期才能发生的过程，是通过谐调机制（homeorhetic）而不是稳衡机制（homeostatic）发生的。谐调机制是指动物机体从外界获得的营养物质按不同比例分配到各个组织器官，以满足不同生理功能的需要。动物通过谐调控制使机体内某些组织或某些生理功能获得营养物质供应的优先权，进而调控机体不同生理阶段营养物质分配的倾向性或流动的方向。稳衡机制是指动物机体在受到内外环境扰动的情况下，凭借稳衡应答机制（homeostatic response mechanism），在神经-体液系统的调节下，通过负反馈机制来实现对营养物质代谢的稳衡状态的整体性调控。与稳衡控制在营养环境变化时表现出的被动调控或被动适应不同，谐调控制更多的是强调动物机体在营养代谢、分配过程中的主动调控（Collier 等，2017）。

## 三、氧化应激

氧化应激是指生物体在遭受来自体内和体外的各种刺激时，机体代谢异常而产生大量自由基，超出机体抗氧化体系的清除能力而造成的氧化损伤。当奶牛受到外界刺激（如冷热应激等），或者奶牛处于某些特殊生产时期（如围产期、泌乳期等）时，机体会产生大量的自由基，如果机体不能及时清除掉这些自由基，这些自由基就会导致细胞大分子的氧化修饰、功能异常及坏死，称为氧化损伤。另外氧化产物还作为内源的信号分子，对细胞凋亡和炎症起推动作用（黄华波和禹善秋，2014）。因此，氧化应激是应激反应发生的重要组成部分。

1.机体氧化应激与抗氧化系统

自由基指的是一些单独存在的、具有不配对电子的分子、原子、离子或原子团，其主要特点是极不稳定，具有很强的氧化反应能力，能够夺取其他原子或分子的电子而导致物质性质发生改变。生物体内的自由基主要分为活性氧自由基（reactive oxygen species，ROS）和活性氮自由基（reactive nitrogen species，RNS），前者包括超氧阴离子自由基、过氧化氢、羟自由基和单线态氧，后者包括一氧化氮、二氧化氮和过氧化亚硝酸盐自由基。一定范围内的自由基能介导生命体多种生理功能和信号转导，是生命过程中的重要组成部分。机体存在 2 类抗氧化系统，一类是酶抗氧化系统，主要由超氧化物歧化酶（SOD）、过氧化氢酶（CAT）、谷胱甘肽过氧化物酶（GSH-Px）等体内自生的抗氧化酶组成，构成体内抗氧化的第一道防线；另一类是非酶抗氧化系统，包括维生素类抗氧化剂（维生素 E、维生素 C 等）、微量元素类抗氧化剂（Se、Zn 等）、抗氧化活性物质（谷胱甘肽、半胱氨酸、硫辛酸等）、功能性药物、天然植物及有效成分等，筑起抗氧化的第二道防线。正常情况下，机体本身的抗氧化系统可以保证体内自由基处于正常浓度，使自由基氧化能力与抗氧化能力处于平衡状态。当机体在短时间内积累大量自由基，超出了抗氧化系统的清除能力时,体内的氧化-还原平衡就会被打破,导致组织的氧化损伤(谷娟等,2015)。

2.氧化应激损伤机体的机制

(1)对细胞内生物大分子的影响　自由基会攻击机体内的DNA碱基,引起DNA链上的碱基大量损伤而不能及时修复,致使脱氧戊糖分解和磷酸二酯键断裂,最终导致DNA核苷酸链的断裂。由于生物膜上富含的多不饱和脂肪酸(polyunsaturated fatty acid,PUFA)极易遭受自由基攻击,进而发生脂质过氧化反应,形成一系列的脂质自由基和降解产物,自由基数量进一步增加;另外脂质过氧化反应会使PUFA与蛋白质的比例失调,导致细胞膜的通透性增加,外界物质随意进入细胞并破坏细胞组成,影响细胞正常的分裂分化,甚至导致细胞死亡,最终损伤组织(陈小慧等,2018)。

(2)对免疫系统的影响　自由基对免疫系统的作用主要体现在自由基与免疫细胞以及自由基与细胞因子的相互作用上。机体的免疫细胞在受到外来刺激时,可以通过还原型烟酰胺腺嘌呤二核苷酸磷酸(NADPH)氧化酶系统、髓过氧化物酶系统和一氧化氮合酶系统3种途径产生自由基(谷娟等,2015)。自由基可以直接损伤免疫细胞,影响淋巴细胞的增殖分化,降低免疫细胞对刺激原的敏感性;此外活性氧自由基不仅是杀死病原体和损伤组织的效应分子,而且是炎症的引发剂,活性氧自由基能诱导炎症细胞因子的基因表达,同时炎症细胞因子亦能诱导活性氧的生成。

(3)对肠道的影响　自由基刺激肠绒毛,致其吸收能力减弱,引起肠道内营养物质流失,导致肠道破损、出血,进一步使肠道吸收能力下降。食物中的抗氧化剂的吸收减少,削弱了动物机体抗氧化能力,形成恶性循环。

# 第二节　奶牛生产中的常见应激

## 一、热应激

随着全球性气候变暖和高产奶牛的大量选育,热应激成为温热带地区夏季影响奶牛健康和奶产量、品质的重要因素。热应激是动物对夏季温热环境所产生的非特异应答反应的总和（张凡建等，2015）。作为恒温动物的奶牛存在一个等热区（奶牛等热区的上限值为25～26℃），当外界温度处于此等热区内时，奶牛可通过完善的热调节机制，有效平衡产热和散热，保持体温恒定。当外温高于此值时，奶牛就会发生热应激。热应激可以导致奶牛产奶量显著下降、乳的品质降低、繁殖性能下降等，直接或间接影响生产效益。目前奶牛热应激成为世界范围内的热门研究问题。

## 二、冷应激

在我国东北地区，奶牛（尤其是犊牛）在冬季低温条件下，易产生冷应激。当奶牛处于冷应激状态时，因体热散失较多，奶牛必然会不断增加能量消耗以维持正常体温的需要，导致奶牛产奶净能减少，产奶量下降（汪志等，2012）。若热量产生不足，可引起生长发育的继发性改变及某些疾病的产生，严重者将导致死亡。冷应激可引起动物神经内分泌及免疫功能紊乱，慢性冷应激常常伴随着奶牛生理机能、营养代谢状况异常。

## 三、围产期代谢应激

围产期是奶牛生产中最为关键的时期，奶牛从妊娠、分娩到泌乳启动的过渡期间经历了大量的代谢变化和生理适应性变化，使其处于高代谢状态。奶牛代谢和感染性疾病的发病率会升高。代谢活动和功能失调的免疫反应的显著变化与围产期奶牛疾病的发展密切相关。尽管奶牛在泌乳启动过程中经历了若干可能导致健康问题的生理变化，体脂的过度动员和血浆脂肪酸浓度显著升高是疾病发生的重要危险因素。脂质动员增加会直接影响肝脏的功能，并且与某些代谢性疾病如脂肪肝和酮症的发病有关。然而，最近的证据表明，血浆脂肪酸浓度的增加可能通过损害参与免疫反应的细胞的功能间接影响代谢和感染性疾病的发生（张凡建等，2018）。

## 四、分娩应激

分娩应激是临产母牛在分娩过程中发生的生理和行为的特异性或非特异性反应。分娩过程是一个伴随着急性疼痛的痛苦过程，是导致分娩应激的主要因素(孙健,2017)。分娩启动后,子宫收缩,宫颈扩张,阴道及会阴体的机械性扩张与损伤是疼痛的主要来源;此外,子宫的收缩使子宫壁血管暂时受压闭塞,组织缺血缺氧释放无机离子(如 $K^+$、$H^+$),5-羟色胺、组胺、前列腺素、缓激肽等致痛物质,使分娩疼痛加剧,机体在此疼痛的刺激下也会产生应激反应。此外,分娩过程中的奶牛体内激素的变化、环境影响、出血等因素也会引起奶牛应激反应。分娩应激是诸多疾病和产后猝死的诱发因素。分娩应激会导致微循环缺血、胃肠道运动迟缓、抵抗力降低、代谢性酸中毒和脱水等症状,并能增加乳腺炎、低血钙、酮病、胎衣不下、真胃变位和产后瘫痪等疾病的发生率。

## 五、运输应激

奶牛在运输过程中,由于生活环境及生活规律的变化,在饥渴、混群、拥挤、高温、颠簸、噪声、疲劳和心理压力等应激原的综合作用下,机体会产生生理适应性反应和病理学变化,使其处于应激状态(安永福等,2018)。具体的应激因素包括:①运输前的注射免疫和接种,往往产生短暂的应激;②混饲、驱赶、装卸等奶牛生活场所和生活方式改变;③摇晃、跌撞和噪音等机械性因素的侵扰;④奶牛在进行长途运输时,饲喂的饲料种类、数量和饲喂时间、方法的改变;⑤运输过程中温度、湿度、光线等气候因子的变化;⑥其他因素的变化,如运输前后或运输途中饲养员和医疗人员的更换、运输前的转群等。

运输应激会使奶牛体内的营养、水分被大量消耗,最终导致其体重损失、免疫力下降、牛奶产量和品质降低等后果。如长途运输可导致育成牛体重损失超过 10%,运输后食欲恢复需要超过 1 个月的时间。运输应激会影响奶牛繁殖。产犊后早期母牛的黄体素分泌较易受应激原的影响,即运输应激可以阻碍产犊后早期(30 d 内)母牛体内促黄体素的升高,使其繁殖性能下降。运输应激还是传染病流行的强烈诱因,会导致奶牛发病率和死亡率显著增加。

## 六、断奶应激

断奶是犊牛面临的最大应激。奶牛场一般在 60 日龄时给犊牛实施断奶。由于犊牛消化系统尚未发育完善,不能完全适应食物的变化,因而产生应激反应,常引起胰腺及小肠内各种消化酶,如胰蛋白酶、淀粉酶和脂肪酶等活性的降低，导致消化功能紊乱，出现腹泻。应激可造成犊牛采食量减少、内分泌失调以及免疫功能下降等。如果应对应激的措施不及时或不恰当，将引起一系列的应激性疾病（高艳霞等，2014）。因此，断奶应激不仅影响犊牛的健康，同时对其以后的生产性能也有不良影响，会给奶牛场带来经济损失。

## 第三节　应激对奶牛的影响

### 一、应激对能量平衡的影响

应激对能量平衡的影响是不一致的。应激时，采食的驱动力可能增加（如妊娠、哺乳、寒冷）或减少（如热、社交、免疫、产犊），能量的消耗可能增加（如妊娠、寒冷、免疫）或减少（如禁食、发热）。

#### （一）寒冷应激

暴露于寒冷环境增加了奶牛维持恒温所必需的能量消耗，同时也促进了采食量的增加。当环境温度从 10℃ 下降到 －15℃，泽西奶牛的产热率增加 30%～35%，荷斯坦奶牛的产热率增加 20%～30%。泽西奶牛较高的能量消耗可能是由于其体型较小或泌乳热产生较少（Collier 等，2017）。

代谢刺激因子甲状腺素（$T_4$）随冷暴露而增加，随温度升高而减少。$T_4$ 的增加是体温生理性调节能力增强的机制。在 15℃ 时，产奶量较高的奶牛 $T_4$ 的增加较少，说明产热量高的高产奶牛在寒冷环境条件下对代谢率的刺激并不依赖于 $T_4$。值得注意的是，如果暴露在寒冷环境中的奶牛没有因环境温度下降而食欲增加，那么身体就会通过高水平的甲状腺素来适应，从而进一步刺激代谢率。寒冷环境中饲养的小牛的代谢率明显增加，尽管消耗了更多的饲料，但这些小牛的血清非酯化脂肪酸含量增加，血清葡萄糖含量下降（Collier 等，2017）。

#### （二）高热应激

高温一直是奶牛生产中主要的应激原之一。高产奶牛对热诱导产生的生产抑制具有独特的敏感性。事实上，温度-湿度指数（temperature and humidity index，THI)低至78会降低干物质采食量(dry matter intake，DMI)(Cowley等，2015)。随着热暴露而减少采食量可能是奶牛减少消化热和代谢热的一种适应机制。采食量的减少取决于热暴露的持续时间和严重程度。Ominski等(2002)研究表明，持续5 d的热暴露降低了DMI，并能在随后的热中性环境条件下持续抑制采食量达5 d之久。有意思的是，2 d前的THI似乎对当前采食量影响最大(West等，2003)。与热中性奶牛相比，热应激奶牛采食量下降了30%～40%(Tao和Dahl，2013)。

### (三)妊娠和分娩应激

妊娠是奶牛主要的代谢需求。在妊娠的第一个180 d，代谢能量需求($Mcal/kg^{0.75}$)增加约16%。在接下来的105 d，大约是妊娠期的最后1/3时段，代谢需求增加到分娩当天的175%(Collier等，2017)。

在分娩时，采食量持续而剧烈地下降(Huzzey等，2007；Lukas等，2008)。有研究指出分娩时采食量的减少与产犊时瘤胃收缩力的降低是一致的。产犊时会伴随血清皮质醇浓度的升高，而血清$Ca^{2+}$浓度的大量减少会加剧这种升高的程度。这可能是一种适应性正反馈反应，因为皮质醇浓度会增加血清$Ca^{2+}$浓度。然而，乳房切除的奶牛在产犊时采食量下降更多，而$Ca^{2+}$浓度下降较少，皮质醇浓度的增加也较少(Goff等，2002)，这说明采食量的减少并不依赖于泌乳诱导的血清$Ca^{2+}$浓度的减少或血清皮质醇浓度的增加。事实上，在产犊后的第一个4 d，乳房切除的奶牛的采食量仍低于对照组。这说明泌乳的代谢需求反而能促进产犊后采食量迅速恢复。由此我们推测，应激是导致奶牛采食量下降的主要原因。

### (四)泌乳的应激

泌乳的能量需求往往导致能量负平衡，并持续至泌乳第16周。泌乳高峰期奶牛的产热是干奶牛的2倍。产热增加的部分原因是泌乳所需的富能量器官的体积增加。与干奶牛相比，泌乳奶牛乳腺的体积增大(73%)，而肝脏、心脏和肺也增加22%～25%。事实上，肝脏的代谢需求增加了25%。另外，泌乳使消化道质量增加29%，能量消耗增加28%。为了满足泌乳时能量需求的增加，奶牛增加饲料摄取量。事实上，从产前到产后2周，干物质采食量增加了一倍多，到产后7周，干物质采食量几乎增加了2倍，在泌乳12周时达到最大值（Collier 等，2017）。

### （五）疾病的应激

疾病引起的免疫挑战可以减少动物的采食量。脂多糖诱导的免疫挑战剂量依赖性地减少奶牛的摄食量，降低量可达50%（Waldron 等，2003）。乳腺炎和子宫炎是奶牛高发的免疫挑战。乳腺炎和子宫炎都会降低DMI，降低的程度与感染严重程度有关（Huzzey 等，2007；Lukas 等，2008）。重度子宫炎可使采食量减少40%，而轻度子宫炎可使采食量减少18%。DMI的减少可能与患子宫炎奶牛采食时间的减少有关（Huzzey 等，2007）。跛行是奶牛的另一种常见疾病，当跛行评分在5分的范围内达到或超过4分时，奶牛的进食时间和DMI也会相应减少（Norring 等，2014）。

### （六）社会应激

群居动物的社会应激可能包括隔离、引入新的群体或有限的食物供应。将一头小牛放入一组新的小牛中，会在引入的当天减少牛奶的摄入量（O'driscoll 等，2006）。类似的，将一头牛放入一个新的组群，会在第一天抑制DMI，但不会影响以后的DMI（Schirmann 等，2011）。奶牛会调整它们的进食行为，以适应有限的进食空间，除非限制非常严重。社会应激确实会改变牛和小牛的采食量。然而，这些影响似乎是急性的，不太可能对生产造成重大影响。

## 二、应激对新陈代谢的影响

一些潜在的代谢健康问题和相关的应激和营养的相互作用可以产生相应的应激生理反应。由热应激引起的新陈代谢变化包括能量和营养不足、呼吸性碱中毒、酮症和瘤胃酸中毒等。营养代谢变化包括饲料消耗、能量和蛋白质代谢、水平衡、电解质代谢及相关酸碱失衡、内分泌状态。

较早的一项研究通过2个实验研究了热应激奶牛采食量减少对代谢状态的影响。在第一个实验中，环境温度在27℃以上时，奶牛的饲料消耗受到抑制，为体脂分解代谢提供了条件。然而，这些奶牛并没有患上酮症，甚至没有酮尿症。随着环境温度从7℃上升到27℃，血液中的酮体浓度实际上是降低了，尿液中的酮总量也没有受到影响。在第二个实验中，4头奶牛在18℃（热舒适环境）下禁食5 d。与第一个实验相比，禁食奶牛第2天血酮和尿酮浓度显著升高，提示脂肪库动员增加，脂肪氧化不完全。这2个实验强调了动物能量代谢存在明显差异。虽然热应激奶牛和饥饿奶牛都经历了相似的饲料摄入量和碳水化合物氧化，但代谢反应并不相同（Collier 等，2017）。Wheelock 等（2010）、Baumgard 等（2011）和 Rhoads 等（2011）的后期工作也证实了这些观察，并将这些差异扩展到热应激奶牛肝脏中胰岛素分泌、清除和糖异生基因的改变。他们提出，在热应激期间升高的胰岛素抑制了脂肪组织中脂肪酸动员，并与蛋白分解代谢增加相关（Baumgard 和 Rhoads，2013）。O'Brien 等（2010）将这些观察扩展到育成牛，表明热应激改变了吸收后碳水化合物（基础和刺激）的代谢，其主要特征是增加基础胰岛素浓度和胰岛素对葡萄糖挑战的反应。然而，热应激引起的采食量减少似乎完全可以解释荷斯坦犊牛日增重下降的原因。目前还没有机制来解释生长牛和泌乳牛在热应激期间胰岛素分泌的增加。Baumgard 和 Rhoads（2013）提出热应激会损害肠道完整性，导致内毒素的流入，可能会导致在热应激奶牛身上检测到一些代谢效应。

## 三、应激对繁殖性能的影响

保持理想的繁殖性能对提高奶牛的产乳效率具有重要意义。由于繁殖过程对能量和蛋白质的需求，并有多个器官参与，奶牛繁殖过程对应激是非常敏感的。在所有的应激原中，热应激对奶牛繁殖性能的影响最为严重。

在夏季，奶牛受胎率和妊娠率降低了20%～30%。热应激对奶牛受孕率的最大负面影响是在受精后7～21 d。夏季遭受热应激的奶牛排卵失败的风险比冬季高出3.9倍。与凉爽季节相比，炎热夏季怀有单胎或双胎的奶牛流产比例增加3.7～5.4倍，卵巢囊肿发生的概率也有所增加。夏季热应激对奶牛的损害会持续到秋天，因此秋季繁殖率较低与夏季奶牛遭受热应激有很大关系。

在热应激期间，采食量减少导致能量负平衡从而引起代谢激素分泌的改变，例如影响胰岛素和胰岛素样生长因子Ⅰ（IGF-Ⅰ）和其他卵泡生长因子的分泌，这些激素代谢的改变可以直接降低奶牛的繁殖力。在夏季，热应激对下丘脑-垂体-卵巢轴（HPO轴）、皮质醇和催乳素的分泌有直接影响。一方面，促性腺激素分泌水平改变影响卵泡发育，增加了受精失败的风险，降低了卵母细胞的质量，增加了妊娠失败的风险；另一方面，沉默排卵和卵泡囊肿发生的频率增加。在夏季，抑制素分泌减少而卵泡雌激素分泌增加，导致优势卵泡发生改变，双胎率增高；由于在胚胎发育过程中子宫环境遭受热应激影响，整个妊娠过程的复杂性增加。最后，由于光照周期的影响，褪黑激素分泌减少，这可能是影响夏季奶牛繁殖能力的另外一个因素（张志登等，2019）。

## 四、应激对奶牛福利的影响

当前，公众对动物福利问题的认识不断增加，并在一定程度上影响了畜牧业的生产方式。奶牛管理实践中应认真且持续关注奶牛的福利。应激对奶牛福利的影响可通过动物的生物学功能（或健康）、情感状态和自然生活状态 3 个方面来评估（Polsky 和 von Keyserlingk 等，2017）。目前应激对奶牛情感状态的研究较少，但是可以通过相关研究来进行适当评估。

食欲是指对食物的主观欲望，饥饿是一种动物无法满足的消极情感状态（D'Eath 等，2009），营养不足意味着动物的摄入量低于其所“期望”的摄入量。环境温度升高同时伴随着奶牛干物质采食量降低（Allen 等，2015）。目前极少有人研究热应激期间干物质采食量的减少或饲料成分的变化对食欲和饥饿感的影响。饥饿素是由胃肠道产生的一种激素，当胃处于排空状态时，胃饥饿素会分泌出来，以增加饥饿感和胃肠道的蠕动（Pearce 等，2014）。热应激增加了肉鸡和蛋鸡腺胃、猪小肠饥饿激素的表达。可以推断，热应激奶牛可能会通过增加饥饿素分泌而产生饥饿，并由此感到不适（Roche 等，2009），引发进一步的行为反应。未来需要进一步阐明热应激和饥饿素分泌的关系，以便更好地理解热负荷增加时的进食行为及其对动物情绪状态的影响。

哺乳动物水分流失的主要途径包括皮肤和肺的蒸发、粪便和尿液。奶牛在失水 12%时出现严重脱水症状（Roussel，1999）。水对于热应激奶牛是最重要的资源，水的摄入量将比最低环境温度增加 1.2 L/℃，提供凉的饮用水可以降低体温和呼吸率。然而，在极端的热应激情况下，动物的口渴可以被高热引起的精神状态改变为部分地抑制或完全抑制(Ganong,2005)。在这种情况下,动物进入一个有害的级联事件,加剧了现有热应激的脱水效应(如增加呼吸、气喘、出汗等),进一步加剧精神状态的改变(Ganong,2005)。未来应阐明奶牛体温升高、脱水和奶牛协调性之间的联系。

疼痛和不适是动物福利文献中最常被研究的消极情感状态。站立和躺卧时间可以用作评估动物疼痛的方法(Weary 等,2006)。据报道,高温应激下的奶牛会增加站立时间,减少躺卧时间,从而暴露更多的表面积来散热(Allen 等,2015)。热中性条件下自由饲养奶牛躺卧时间的范围为 11～14 h(Ito 等,2010),随着环境温度的升高,躺卧时间会降低 30%(Cook 等,2007)。长时间站立被认为是跛行的主要危险因素(Allen 等, 2015),这也可能与痛苦的经历有关。未来的研究应该解开热应激、跛行和疼痛之间复杂的相互作用。

## 五、小结

应激对奶牛福利和健康构成威胁,严重影响奶牛产奶量和繁殖性能,给奶牛生产带来重大损失,降低了奶牛生产经营的利润。

在集约化养殖业中,影响奶牛生理活动的应激原日趋增多。在目前无法完全消灭应激原的情况下,未来研究有必要致力于深入研究应激发生的机制,识别并减少奶牛场应激原,及时发现应激并采取积极的缓解应激措施,将应激危害降到最低,最大限度地发挥奶牛的生产性能,这对提高牧场的经济效益具有重要的意义。

## 参考文献

[1] 安永福,王晓芳,孙凤莉,等. 2018. 奶牛长途运输过程中的应激缓解措施[J]. 饲料研究,1:13-16.

[2] 陈小慧,张玲玲,谭胜男,等. 2018. 奶牛氧化应激及抗氧化措施研究进展[J]. 黑龙江畜牧兽医,21:53-56.

[3] 高艳霞,仁瑞清,李建国,等. 2014. 断奶应激对犊牛血液生化、免疫和内分泌的影响[J]. 中国兽医学报,34(8):1294-1299.

[4] 谷娟,张春刚,刘祯,等. 2015. 氧化应激与奶牛围产期疾病的关系[J]. 中国奶

牛,10:31-36.

[5] 黄华波，禹善秋. 2014.奶牛氧化应激与抗氧化的研究进展[J]. 中国奶牛，22:53-56.

[6] 孙健. 2017.氟尼辛葡甲胺缓解奶牛分娩应激的疗效观察[D]. 北京:中国农业大学.

[7] 汪志,郭爽,杨焕民. 2012. 应激对奶牛生产的影响及防控措施[J]. 黑龙江畜牧兽医,17:60-63.

[8] 张凡建,李丹,孙健,等. 2018. 围产期奶牛炎性反应与代谢紊乱[J]. 中国兽医杂志,54(9):66-68.

[9] 张凡建. 2015.日粮添加铬对热应激奶牛脂质代谢和免疫应答的作用研究[D]. 北京:中国农业大学.

[10] 张志登,刘影,王玲. 2019. 热应激对奶牛繁殖性能的影响研究进展[J]. 中国畜牧杂志,55(5):10-15.

[11] Allen J D, Hall L W, Collier R J, et al. 2015. Effect of core body temperature, time of day, and climate conditions on behavioral patterns of lactating dairy cows experiencing mild to moderate heat stress[J]. Journal of Dairy Science, 98:118-127.

[12] Baumgard L H, Rhoads R P. 2013. Effects of heat stress on postabsorptive metabolism and energetics[J]. Annual Review of Animal Biosciences, 1:311-337.

[13] Baumgard L H, Wheelock J B, Sanders S R, et al. 2011. Postabsorptive carbohydrate adaptations to heat stress and monensin supplementation in lactating Holstein cows[J]. Journal of Dairy Science, 94:5620-5633.

[14] Bijlsma R, Loeschcke V. 2005. Environmental stress, adaptation and evolution: An overview[J]. Journal of Evolutionary Biology, 18:744-749.

[15] Boonstra R. 2013. Reality as the leading cause of stress: Rethinking the impact of chronic stress in nature[J]. Functional Ecology,27:11-23.

[16] Collier R J, Renquist B J, Xiao Y. 2017. A 100-Year Review: Stress physiology including heat stress[J]. Journal of Dairy Science, 100(12):10367-10380.

[17] Collier R J, Gebremedhin K G. 2015. Thermal biology of domestic animals

[J]. Annual Review of Animal Biosciences, 3:513-532.

[18] Collier R J, Baumgard L H, Lock A L, et al. 2004. Physiological limitations, nutrient partitioning. Pages 351-378 in Yields of Farmed Species: Constraints and Opportunities in the 21st Century. J. Wiseman and R. Sylvestor, ed. Nottingham Univ. Press, Nottingham, UK.

[19] Cook N B, Mentink R L, Bennett T B, et al. 2007. The effect of heat stress and lameness on time budgets of lactating dairy cows[J]. Journal of Dairy Science, 90:1674-1682.

[20] Cowley F C, Barber D G, Houlihan A V, et al. 2015. Immediate and residual effects of heat stress and restricted intake on milk protein and casein composition and energy metabolism[J]. Journal of Dairy Science, 98:2356-2368.

[21] D'Eath R B, Tolkamp B J, Kyriazakis I, et al. 2009. Freedom from hunger' and preventing obesity: The animal welfare implications of reducing food quantity or quality[J]. Animal Learning and Behavior, 77:275-288.

[22] Ganong W F. 2005. Central regulation of visceral function: Thirst. Pages 240-241 in Review of Medical Physiology. 22nd ed. Appleton and Lange, Stamford, CT.

[23] Goff J P, Kimura K, Horst R L. 2002. Effect of mastectomy on milk fever, energy, and vitamins A, E, and β-carotene status at parturition[J]. Journal of Dairy Science, 85:1427-1436.

[24] Huzzey J M, Veira D, Weary D, et al. 2007. Prepartum behavior and dry matter intake identify dairy cows at risk for metritis[J]. Journal of Dairy Science, 90:3220-3233.

[25] Ito K, von Keyserlingk M A G, Leblanc S J, et al. 2010. Lying behavior as an indicator of lameness in dairy cows[J]. Journal of Dairy Science, 93:3553-3560.

[26] Lukas J M, Reneau J K, Linn J G. 2008. Water intake and dry matter intake changes as a feeding management tool and indicator of health and estrus status in dairy cows[J]. Journal of Dairy Science, 91:3385-3394.

[27] Norring M, Haggman J, Simojoki H, et al. 2014. Short communication:

Lameness impairs feeding behavior of dairy cows[J]. Journal of Dairy Science, 97:4317-4321.

[28] O'Brien M D, Rhoads R P, Sanders S R, et al. 2010. Metabolic adaptations to heat stress in growing cattle[J]. Domestic Animal Endocrinology, 38:86-94.

[29] O'Driscoll K, von Keyserlingk M A, Weary D. 2006. Effects of mixing on drinking and competitive behavior of dairy calves [J]. Journal of Dairy Science, 89:229-233.

[30] Ominski K H, Kennedy A D, Wittenberg K M, et al. 2002. Physiological and production responses to feeding schedule in lactating dairy cows exposed to short-term, moderate heat stress[J]. Journal of Dairy Science, 85:730-737.

[31] Pearce S C, Sanz-fernandez M V, Hollis J H, et al. 2014. Short-term exposure to heat stress attenuates appetite and intestinal integrity in growing pigs[J]. Journal of Animal Science, 92:5444-5454.

[32] Polsky L, von Keyserlingk M A G. 2017. Invited review: Effects of heat stress on dairy cattle welfare[J]. Journal of Dairy Science, 100(11):8645-8657.

[33] Rhoads R P, La Noce A J, Wheelock J B, et al. 2011. Short communication: Alterations in expression of gluconeogenic genes during heat stress and exogenous bovine somatotropin administration[J]. Journal of Dairy Science, 94:1917-1921.

[34] Roche J R, Friggens N C, Kay J K, et al. 2009. Invited review: Body condition score and its association with dairy cow productivity, health, and welfare[J]. Journal of Dairy Science, 92:5769-5801.

[35] Roussel A J. 1999. Fluid therapy in mature cattle[J]. Veterinary Clinics of North America-Food Animal Practice, 15:545-557.

[36] Schirmann K, Chapinal N, Weary D, et al. 2011. Short-term effects of regrouping on behavior of prepartum dairy cows[J]. Journal of Dairy Science, 94:2312-2319.

[37] Tao S, Dahl G E. 2013. Invited review: Heat stress effects during late gestation on dry cows and their calves[J]. Journal of Dairy Science, 96:4079-4093.

[38] Waldron, M. R., T. Nishida, B. Nonnecke, and T. Overton. 2003. Effect of lipopolysaccharide on indices of peripheral and hepatic metabolism in lactating cows. J. Dairy Sci. 86:3447-3459.

[39] Weary D M, Niel L, Flower F C, et al. 2006. Identifying and preventing pain in animals[J]. Applied Animal Behaviour Science, 100:64-76.

[40] West W, Mullinix B G, Bernard J K. 2003. Effects of hot, humid weather on milk temperature, dry matter intake, and milk yield of lactating dairy cows [J]. Journal of Dairy Science, 86:232-242.

[41] Wheelock J B, Rhoads R, Vanbaale M, et al. 2010. Effects of heat stress on energetic metabolism in lactating Holstein cows[J]. Journal of Dairy Science, 93:644-655.

# 第二章 奶牛热应激与调控

## 第一节 奶牛热应激与调控研究概述

### 一、奶牛热应激的产生

#### (一)奶牛生理特点

众所周知,奶牛是恒温动物。恒温动物都存在一个热中性区(图 2-1),当外界温度处于这个热中性区内时,动物体可以借助物理调节方式来维持正常体温。奶牛热中性区的上限值为 25～26℃,而其热舒适区的温度为 10～20℃,在这温度范围内牛最舒服,其产乳量和饲料利用率最高。奶牛的舒适温度范围较人的体感舒适温度要低,也就是当饲养员认为温度较为舒适时,奶牛可能已经处于热应激了。

我国饲养的奶牛以来源于北欧的荷斯坦奶牛为主,该品种体型大,而单位体重的散热面积小,每千克体重体表面积为 0.1 $m^2$,而 100 kg 体重体表面积仅为 2.2 $m^2$,体重增加 100 倍而体表面积仅增加 22 倍;奶牛被毛和体组织的保温性能好;牛每平方厘米皮肤有毛 700～900 根,毛长 1～2 cm,隔热值为 0.09 W/($m^2$·K),寒冷季节具有良好的保温隔热性能,春夏季不利于皮肤的对流和散热;奶牛的皮肤血管结构特殊,较多的动脉血外流,被回流的静脉血吸收,“逆流热交换”减少体热损失,这种血管在皮肤分布很广的特性使奶牛耐寒;奶牛的汗腺不发达,不利于皮肤蒸发散热,加快呼吸蒸发是散热的有效方法,奶牛正常呼吸频率为 18 次/min,27℃ 时呼吸开始加快,32℃ 时 75 次/min,40℃时 140 次/min,喘息时二氧化碳排出过多,血液 pH 升高,可

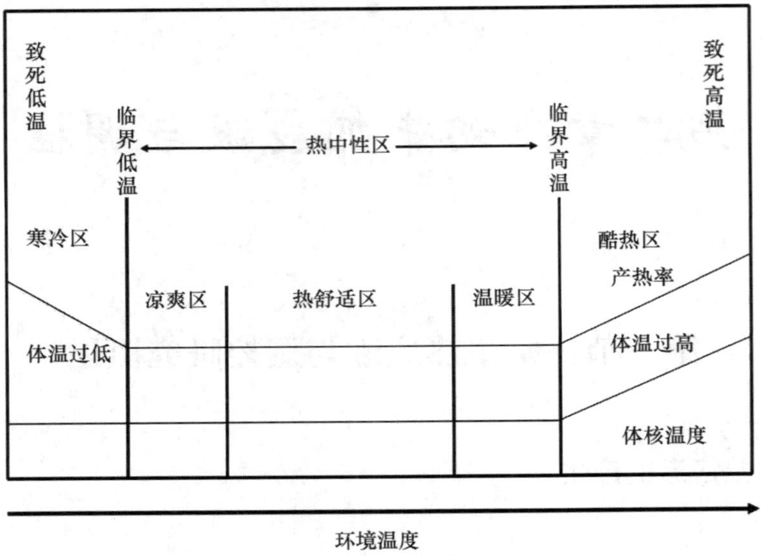


图 2-1　恒温动物热中性区示意图

能发生呼吸性碱中毒;奶牛采食量大,粗饲料经过瘤胃发酵,产生大量的代谢热,增加了散热负担。奶牛在产乳过程中也产生大量的热。泌乳牛比非泌乳牛产热多,泌乳前期比中后期产热多,高产奶牛比低产奶牛产热多。

### (二)奶牛热应激产生过程

热应激导致的热负荷是机体代谢产生的不能散失热和环境热的总和。夏季高温高湿天气下,太阳的直接辐射可使奶牛身体增热。与此同时,作为草食动物,奶牛除具备一般恒温动物的产热特性外,还因采食大量粗纤维引起的瘤胃发酵、泌乳代谢旺盛等因素,导致其产热能力极强。随外界温度升高,奶牛采食量下降,能量的维持需要量却增加。当外界温度达到 35℃时,奶牛维持需要量会比正常状态时增加 20%。NRC(2001)饲养标准提出了一个喘气指数,用于调整散失体热的能量消耗。如果奶牛表现出快速短促的呼吸,建议将维持净能调整为原来的 1.07 倍;如果是明显的张嘴喘气,则应将维持净能调整为原来的 1.18 倍。

奶牛的散热主要通过非蒸发散热和蒸发散热 2 种途径。非蒸发散热包括传导、辐射和对流,该过程主要依赖于热梯度(Kadzere 等,2002),即外界和奶牛体表的温差来实现。在低于21℃的外界温度下，奶牛主要采取非蒸发散热的方式。而在外界高温高湿环境，特别是环境温度升高到接近或高于奶牛体表温度时，热梯度降低，非蒸发散热失效，奶牛主要采取蒸发散热的方式。蒸发散热，即通过皮肤出汗的方式散失热量。牛的汗腺不发达，仅依靠皮肤出汗很难满足热量散失的需求。

奶牛为防止在体内蓄积过多热量而努力自我调节。初期，奶牛可通过增加出汗、加强呼吸等物理措施加强散热；如果气温继续升高，散热的阻力加剧，奶牛就会本能地降低热量的产生，具体表现包括减少采食，喜卧懒动，降低产奶量，终止妊娠等；如果奶牛用尽自我调节能力，仍不能达到热平衡时，其体温即升高。奶牛常表现出吐舌流沫、伸头张口等一系列不适症候，威胁到健康与生命活动。奶农必须采取各种应对措施，及早预防和缓解热应激的影响。

热应激可以导致奶牛产奶量显著下降、乳品质降低、繁殖性能下降等，直接或间接影响生产效益。据统计，在美国乳制品行业，每年仅由热应激引起的泌乳奶牛牛奶产量下降导致的经济损失就高达12亿美元（Key等，2014）。

## 二、热应激评价指标研究概况

由于奶牛等热区受年龄、品种、采食量、饲料组成、行为、圈养状况等多种因素的影响，同时热应激不仅影响能量平衡，还影响到水、钠、钾、氯的新陈代谢，使准确衡量奶牛是否处于热应激状态非常困难。国内外研究人员在如何评价奶牛热应激方面开展了大量的工作，为奶牛热应激的诊断提供技术支撑。

### （一）外界环境指标

外界环境的改变是造成奶牛热应激的主导因素。目前判断热应激状态比较简单易行的方法是测定外界环境各指标。

诱导奶牛发生热应激的外界环境因素主要包括高温、高湿和太阳辐射（光照），国内外常选用温度和湿度2项指标来评价外界环境，即温湿度指数（temperature humidity index，THI）（李如治，2003）。其计算公式为：THI = 0.72

$(T_{db} + T_{wb}) + 40.6$，其中 $T_{db}$ 是干球温度（℃），$T_{wb}$ 是湿球温度（℃）。Mader 等（2006）认为，良好的评价体系应在湿温度指数的基础上增加太阳辐射和风速 2 项指标。Baeta 等（1987）建立了气温、相对湿度和风速相结合的等温指数（eqivalent temperature index，ETI）评价体系。

通过环境温湿度确定奶牛热应激程度的方法在国内外广泛应用（图 2-2）。但外界环境评价体系没有与奶牛自身因素相结合，在反映奶牛热应激状态方面有一定局限性。

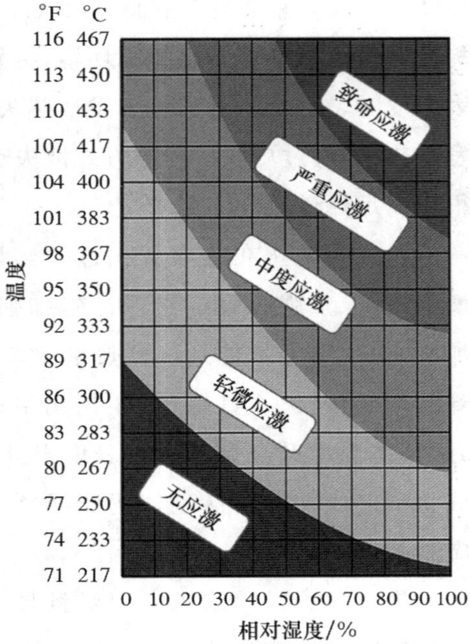


图 2-2 通过环境温湿度确定奶牛热应激程度

### （二）临床症状

在外界不同 THI 范围内，奶牛可能表现出从轻微的新陈代谢变化到死亡的不同临床症状（表 2-1）。

表 2-1 不同热应激环境下奶牛的临床症状

| THI | 应激水平 | 症状 |
| --- | --- | --- |
| <73 | 无 | 无 |
| 73～77 | 轻微 | 奶牛通过寻找阴凉、增加呼吸和扩充血容量来调节；对产奶量的影响很小。 |
| 78～89 | 中度 | 增加唾液分泌和呼吸频率；降低采食量，增加饮水；体温升高；产奶量和繁殖性能降低。 |
| >89 | 严重 | 奶牛体温升高，呼吸急促，分泌过多的唾液，呈现不舒适症状；产奶量和繁殖性能急剧降低；奶牛可能会死亡。 |

### （三）生产性能

热应激奶牛体内的代谢机能和酶的活性改变，使其采食量减少，营养元素摄取不足，直接影响泌乳，导致产奶量下降。然而，通过奶牛产奶量损失衡量热应激程度的方式有一定的局限性。环境温度升高与牛奶产量下降之间存在24～48 h的延迟，牛奶产量只有THI持续4 d超过74的数值以后才开始下降（Tao等，2018）。热应激能增加牛奶中长链脂肪酸的比例，降低脂肪酸的饱和程度（Hammami等，2015；Liu等，2017），可能是奶牛应对热应激的适应性反应。然而，热应激对乳脂肪和蛋白质浓度的影响并不一致（Bernabucci等，2015；Hammami等，2015；Smith等，2013），表明日粮组成、泌乳阶段、热应激程度等其他因素也会影响奶牛对热应激的反应。热应激还导致卵子受精率下降，发情表现不明显或乏情，奶牛情期缩短，受胎率显著降低，影响繁殖性能（Tao等，2018）。

### （四）生理指标

直肠温度和呼吸频率是衡量热应激的直观指标（Brown-Brandl等，2003）。正常情况下，奶牛直肠温度相对稳定。该值超过正常1℃甚至更低都会影响奶牛生产性能。奶牛处于热应激状态时，THI每升高1个单位，直肠温度会升高0.12℃（Johnson等，1987）。并且呼吸频率的升高要早于直肠温度升高（Brown-Brandl等，2003），究其原因是奶牛起初通过增加呼吸次数散发热量，当呼吸代偿仍不能够有效维持正常体温时，直肠温度才会升高。这更说明直肠温度作为奶牛热应激评定指标的有效性。

心率也随热应激而发生变化，如短期热应激心率会升高，随热持续时间延长，心率会下降。由于心率升高缺乏特异性，通常不被作为热应激的评价指标。

### （五）血液生化指标

奶牛热应激的发生通常伴随血液生化指标的变化，国内外常用血液生化指标评定热应激程度，选择衡量奶牛耐热性的可靠指标，并试图根据这些指标选育抗热应激奶牛品种。

1. 能量代谢指标

热应激导致采食量的降低传统上被认为是产奶量降低的主要原因。然而最新研究表明，营养物质摄入量降低所起的作用仅占热应激导致奶产量损失的35%（Wheelock等，2010）。由此可见，热应激直接而非通过降低采食量影响能量代谢。

与低营养摄入量的非热应激奶牛相比，热应激奶牛虽处于能量负平衡状态，但血浆非酯化脂肪酸浓度并没有明显升高，推测这可能是奶牛应对热应激而自然进化的机制（Wheelock 等，2010）。由于非酯化脂肪酸β氧化产生更多的代谢热，当体温过高时，奶牛优先氧化葡萄糖，并防止脂质的动员。

2.酸碱与矿物元素指标

热应激下的酸碱敏感指标可能是碳酸氢根离子和氯离子（Calamari 等，2007）。暴露于热应激环境的奶牛为维持体内酸碱平衡和阴阳离子平衡，降低血浆碳酸氢根离子浓度，同时伴随血浆氯离子浓度的升高。但在热应激的初始阶段，汗液中大量钾离子和氯离子丢失，氯离子浓度会有所降低。与非反刍动物相比，奶牛汗液中钾水平较高，而钠水平较低。

热应激奶牛血镁浓度降低（Calamari 等，2007）。血镁浓度下降的原因可能与干物质采食量减少、镁跨瘤胃壁主动运输机制的损坏和跨壁运输能量供应减少等因素有关。碱性磷酸酶活性降低可能与血镁浓度下降有关。

3.红细胞钾

大量研究表明，红细胞钾是评定奶牛耐热性的最可靠生化指标。夏东（2009）报道了奶牛红细胞钾含量存在明显季节性变化，低红细胞钾牛耐热性强。穆玉云（1993）、史彬林（1996）、赖登明（1997）等都有类似的报道，并建议根据红细胞钾的遗传力选育耐热牛群。目前红细胞钾影响奶牛热应激的机制还不清楚，红细胞膜上的钠钾 ATP 酶活性与奶牛耐热性存在相关性。

4.激素水平

皮质醇是应激动物的肾上腺皮质分泌的糖皮质激素。其作用是动员能量进而增强机体对外界不良环境的适应能力。但过高的皮质醇水平会引起免疫抑制。急性热应激的奶牛血清皮质醇升高，而处于慢性热应激时会降低，且水平显著低于冬季，有利于降低代谢率，减少产热。甲状腺素对恒温动物的体温调节起着重要作用（Bowen 和 Washburn，1985）。热应激期间，奶牛血清中三碘甲状腺原氨酸（$T_3$）和甲状腺素（$T_4$）均有明显降低。$T_3$ 和 $T_4$ 能促进机体对糖的吸收与肝糖原的分解，加强各组织对糖的利用，促进机体产热量增加。

高温高湿环境中的奶牛血浆 $T_3$ 和 $T_4$ 水平的下降可能是机体为了调节体温而采取的自我稳衡机制。

应激还可引起其他激素如生长素、催乳素等在体内的变化（Cossel 等，2009；Abeni 等，2007）。激素变化的影响因素过多，且有些变化是瞬时的。奶牛生产中用激素水平评价奶牛热应激的难度较大，只能用做参考。

5. 血清酶活性

高温会导致奶牛血清肌酸激酶（creatine kinase，CK）含量显著升高，这可能是由于热应激导致肌肉的能量供应不足，肌肉中 CK 逸出而使血清 CK 活性升高。有报道称，血浆碱性磷酸酶（alkaline phosphatase，ALP）活性降低可作为奶牛热应激的血浆标记物（Abeni 等，2007；敖日格乐等，2008）。但对酶活性的不同研究结果存在差异，可能是某些血清酶活力会随奶牛热应激的不同阶段而发生相应变化。

6. 热休克蛋白

热休克蛋白（heat shock protein，HSP）是动物接触高温或其他刺激因子表达最突出的一种热应激蛋白。按相对分子质量和同源程度可将其分为 HSP110、HSP90、HSP70、HSP60、HSP40 和小分子 HSP 家族。HSP70 是其中最保守、最重要的家族，可作为应激综合反应的代表，包括 68、72、73、75、78 ku 等多种蛋白。HSP70 增强热耐受性的作用机制主要体现在分子伴侣、抗氧化和协同免疫等效用。Kristensen（2004）、杨圣（2007）等建议将 HSP72（HSP70 家族中分子质量为 72 ku 的热休克蛋白）作为动物应激损伤的评价指标。梁学武（2009）报道了热应激荷斯坦奶牛血液淋巴细胞 HSP70 的表达与 THI 成正相关。

及时准确评价奶牛热应激状态，对于保障奶牛健康，提高夏季奶产量和质量有很大帮助。目前外界环境指标主观性太强，生产性能指标评价稍显滞后，激素指标受代谢影响较多。因此，对奶牛热应激状态的评价还需要从外界环境、临床症状、生产性能、生理生化指标等方面综合考虑（张凡建等，2012）。HSP70 有可能作为一种新型热应激衡量标准，并以此指导耐热奶牛品种的选育和抗热应激饲料的研发。

## 三、热应激对奶牛乳腺功能的影响

在夏季，奶牛场产奶量下降和乳体细胞数（somatic cell count，SCC）增加是最常见的负面效应，这无疑与乳腺功能的降低有关。虽然在牧场水平上，牛奶产量和乳 SCC 的季节性变化受牧场繁殖、管理和营养等多种因素的综合影响，但很大程度上与热应激对乳腺功能的影响有关（Tao 和 Dahl，2013）。

### （一）干奶期热应激对乳腺发育和泌乳的影响

干奶期是泌乳期之间的非泌乳阶段，其作用是清除乳腺内衰老细胞，并在分娩前增殖补充新的乳腺细胞，对促进下一个泌乳期产生最大的泌乳量非常关键。

妊娠后期经历热应激的奶牛产奶量会显著减少。与在夏季整个干奶期采取蒸发冷却降温措施的奶牛相比，未采取蒸发冷却降温措施的奶牛下一个泌乳期的产奶量减少了 4～5 kg/d（Tao 和 Dahl，2013），说明干奶期的热应激改变了泌乳前的乳腺功能。干奶期不采取降温措施的奶牛在产犊前 20 d 的乳腺上皮细胞增殖率较低（Tao 等，2011），但在随后的泌乳阶段，乳腺中与乳成分合成相关蛋白的基因表达并无显著变化（Tao 等，2013），表明干奶期的热应激会影响乳腺生长，但不会影响泌乳阶段乳腺上皮细胞的分泌功能。

干奶期热应激减缓乳腺生长的潜在机制尚不完全清楚。热应激引起的吸收后代谢改变可能减少了乳腺对营养的利用，影响乳腺的功能和生长。热应激增强了泌乳中期奶牛其他组织对葡萄糖的吸收，但没有提高乳腺对葡萄糖的吸收（Wheelock 等，2010），说明热应激可能限制了乳腺对葡萄糖的利用和乳糖合成。

热应激虽然降低干奶牛干物质采食量（DMI），但影响程度较低，可能与干奶牛整体 DMI 水平较低有关。与采取降温措施的牛相比，未采取降温措施的奶牛在产犊前 DMI 下降 1～1.5 kg/d（Tao 和 Dahl，2013）。然而，在干奶期，降温和未降温牛的血液非酯化脂肪酸（non-esterified fatty acid，NEFA）、$\beta$-羟丁酸（$\beta$-hydroxybutyric acid，BHBA）和胰岛素没有显著差异（Tao 等，2012b）。干奶期热应激也没有影响脂肪组织动员（Lamp 等，2015）以及葡萄糖耐量试验后的葡萄糖清除率(Tao 等，2012b)。以上数据表明，牛吸收后的脂肪酸和葡萄糖代谢不受干奶期热应激的影响。与 DMI 相似的热中性奶牛相比，热应激干奶牛的蛋白质动员更明显(Lamp 等，2015)。在乳腺内，未降温的干奶牛乙酰辅酶 A 羧化酶和脂肪酸合成酶的基因表达量高于降温干奶牛(Adin 等，2009)。这些数据可能表明，热应激干奶牛的乳腺将更多的能量分配给脂肪酸合成，而不是乳腺细胞增殖，这可能导致了乳腺生长的减少。

热应激还会影响激素的合成和分泌，进而改变干奶期乳腺的发育。干奶期热应激使血浆催乳素浓度升高(Tao 等，2011)，表明热应激改变了泌乳过程。Collier 等(1982)首次报道了怀孕的最后 3 个月期间发生热应激的母牛随后的产奶量和小牛出生体重之间呈线性关系，提示妊娠后期热应激对胎盘的损伤可能是影响分娩前乳腺发育的一种机制。妊娠后期的热应激减少了胎盘分泌的硫酸雌二醇，而硫酸雌二醇是一种促进乳腺生长的雌激素化合物(Collier 等，1982)。血液中胎盘泌乳素浓度随着妊娠的进展而增加，并与胎儿的生长速率正相关 (Hossner 等，1997)。由于胎盘催乳素具有催乳活性，与催乳素具有相同的催乳结合位点，妊娠后期热应激引起的催乳素分泌增加，可能会降低胎盘催乳素受体的结合及其催乳活性。

胎盘催乳素对乳腺发育和功能产生深远影响的证据是有限的。在诱导小母牛泌乳期间，胎盘催乳素引起乳腺反应和产奶量增加是有限的(Byatt 等，1997)。然而，胎盘催乳素浓度在肉牛和奶牛之间并无差异，尽管它们在产奶量上有显著差异(Wallace, 1993)。因此，妊娠后期热应激改变了胎盘催乳素的分泌，但这种变化对乳腺生长和功能的影响尚不确定，但值得进一步研究。

热应激也可能影响乳腺退化。干奶早期清除衰老乳腺细胞包括自噬(Zarzyńska 等，2007)和细胞凋亡(Sorensen 等，2006)2 个细胞加工过程。热应激引起的激素分泌改变可能影响到上述 2 个过程。事实上，催乳素已经被证明可以减少细胞凋亡(Accorsi 等，2002)，而雌激素可以诱导牛乳腺细胞的自噬(Sobolewska 等，2009)。因此，在干奶早期，热应激可能通过降低硫酸雌二醇的分泌和增加血液中催乳素浓度来减弱乳腺的退化。为了验证这一假说，干奶前的第 3 天和干奶后的第 3、7、14 和 22 天，采集降温和未降温奶牛的乳腺活组织，用免疫印迹方法检测能指示自噬活性的蛋白(微管结合蛋白轻链

3(LC3)-Ⅰ和-Ⅱ)的表达情况(Wohlgemuth 等，2016)。在降温奶牛的乳腺中，LC3-Ⅰ和-Ⅱ蛋白表达呈动态变化，在泌乳停滞后表达增加，在干奶后第7天达到高峰。然而，这2种蛋白在未降温奶牛泌乳后期至干奶前期的这段时间的乳腺中的表达无明显变化，且在干奶后的第7天要低于降温奶牛(Wohlgemuth 等，2016)。这些结果表明，在干奶早期，热应激通过降低乳腺自噬活性抑制了乳腺的退化。然而，需要进一步开展研究检查热应激乳腺在退化过程中的凋亡情况仍然是必要的。干奶早期热应激对乳腺退化的干扰是否影响干奶后期乳腺的发育尚不清楚。最近的一项研究(Fabris 等，2017)认为，干奶前期或干奶后期暂停降温的奶牛随后的产奶量与整个干奶期都停止降温措施的奶牛是相似的，但产奶量低于整个干奶期都降温的奶牛。这些数据表明，无论是在干奶早期乳腺退化期间，还是在干奶后期乳腺发育期间，热应激对未来的产乳都有类似的有害影响。然而，其细胞机制尚未完全揭示。

妊娠后期的热应激除了对母牛的影响外，对后代的生长也有很大影响。在断奶前阶段，与降温干奶牛所产幼仔相比，非降温干奶牛所产幼仔的被动免疫和细胞介导免疫功能降低(Monteiro 等，2014)，并通过非胰岛素依赖路径发展出对全身葡萄糖使用的偏好(Monteiro 等，2016a)。与降温母牛产出的小母牛相比，非降温母牛产出的小母牛由于疾病、生长迟缓或畸形等原因被淘汰的概率更高(Monteiro 等，2016b)。有趣的是，对于仍在牛群的小母牛来说，非降温奶牛所生的小母牛在第一次泌乳时的产奶量比降温奶牛所生的小母牛的产奶量要低(Monteiro 等，2016b)，这表明了母牛在妊娠后期的热应激对其后代的乳腺发育和泌乳性能的持续影响。

### (二)泌乳期热应激对泌乳量和乳腺功能的影响

#### 1. 泌乳期热应激对泌乳的影响

Bernabucci 等(2010)认为，泌乳期间的热应激对泌乳产生负面影响。热应激引起的产奶量下降幅度受泌乳阶段的影响。在夏季，泌乳奶牛当天的产奶量与3 d前的热环境呈负相关。与泌乳中期和泌乳后期奶牛相比，泌乳早期奶牛受到的影响是最小的。

奶牛的产奶量取决于乳腺上皮细胞的数量和分泌活性。在泌乳早期，热应激可能不会对乳腺发育造成永久性的损害。干物质采食量的降低和代谢的变化是热应激导致泌乳早期产奶量降低的主要原因。然而，对于泌乳中期奶牛，即使在所有奶牛都已降温的情况下，先前未降温的奶牛产奶量仍然低于先前降温的奶牛，这表明热应激可能会永久性地改变泌乳高峰后乳腺的发育。因此，泌乳早、中、后期奶牛的乳腺对热应激的反应可能是不同的（Tao 等，2018）。

2. 泌乳期热应激对 DMI、乳腺血流和营养吸收的影响

奶牛的乳汁合成和乳腺发育是相互协调的过程，不仅受到乳腺中与高热有关的细胞损伤的影响，而且还受到 DMI 改变、全身代谢和相关乳腺营养摄取的影响。

热应激引起的 DMI 下降是导致牛奶产量下降的重要因素。早期研究认为热应激导致泌乳中期奶牛产奶量下降完全是由于 DMI 下降造成的。然而最近的一项研究（Wheelock 等，2010）报道，在热应激条件下，泌乳中期奶牛的 DMI 下降仅占泌乳产量下降的 50%左右，表明在热应激条件下，DMI 以外的因素影响泌乳中期的牛奶合成。同样，在泌乳中期和后期，非降温奶牛产乳量较少，但与降温奶牛的 DMI 相似（Tarazon-Herrera 等，1999）。在泌乳早期，与热中性奶牛相比，热应激奶牛的产奶量下降幅度相似（Lamp 等，2015），这说明在泌乳早期，热应激奶牛的 DMI 下降可能是造成泌乳早期奶牛产奶量下降的全部原因。

热应激伴随着血液代谢物浓度和全身代谢反应的剧烈变化。与降温奶牛相比，非降温奶牛血浆中葡萄糖、BHBA、NEFA 和甘油三酯的浓度降低（Tao 等，2018），这可能是由于 DMI 降低以及与牛奶产量降低相关的牛奶合成需求降低。此外，暴露在热应激下的奶牛可以抑制外周脂肪组织脂解（Lamp 等，2015），增强了糖在乳腺外组织中的利用（Wheelock 等，2010），提示不同的热应激代谢反应。由于系统代谢的改变，推测热应激会影响乳腺的营养有效性和吸收。营养物质的吸收是由营养物质的动静脉浓度和乳腺血流的差异决定的（Chaiyabutr，2012），阐明热应激对这 2 种因素的影响对理解乳腺营养摄入至关重要。流向牛乳腺的血液在提供足够的营养以支持牛奶合成方面起着关键作用（Prosser 等，1996）。热应激条件下自由采食的泌乳中期奶牛的乳腺血

流量往往较低，但与限制饲喂的热中性奶牛的乳腺血流量相似（Lough 等，1990），这表明乳腺血流量对 DMI 有反应，而不是对热环境有反应。今后的研究应着重强调急性和长期热应激对奶牛乳腺血液灌流和不同泌乳期乳腺代谢和发育的影响。

3. 热应激对牛奶成分的影响

热应激对乳脂肪和蛋白质浓度的影响并不一致。据 Bernabucci 等（2015）报道，与冬季相比，夏季乳脂百分比降低。相反，其他研究发现了夏季奶牛的乳脂百分比没有影响（Hammami 等，2015）或者增加（Smith 等，2013）。在对照实验中，也观察到类似的不一致。与暴露于热中性或提供降温的奶牛相比，热应激奶牛的乳脂百分比降低，未发生变化（Tarazon Herrera 等，1999）或增加（Garner 等，2016）。

然而，热应激对牛奶脂肪酸组成和脂肪酸饱和程度的影响的研究结论是一致的。与热中性奶牛相比，热应激奶牛的乳中长链脂肪酸（$>C_{16}$）的比例更高，而短链（$C_{4\sim10}$）和中链（$C_{12\sim16}$）脂肪酸的比例较低（Hammami 等，2015；Liu 等，2017）。与温带气候相比，热应激期间采集的牛奶样本含有较高比例的不饱和脂肪酸（UFA），较低比例的饱和脂肪酸（SFA）（Hammami 等，2015）。最近的一项研究报告称，热应激增加了牛奶脂肪中 $C_{18:1}$（乳中主要的不饱和脂肪酸）的比例（Liu 等，2017）。从生物学上讲，动物体脂肪的熔点与体温成正相关，因此较高的体温与较高的脂肪熔点相关。与长链脂肪酸相比，短链脂肪酸的熔点较低。因此，热应激改变了牛奶脂肪酸的链长，降低脂肪酸饱和程度，可能是一种生物学适应，从而提高脂肪熔点，以应对更高的体温。

热应激对牛奶蛋白质含量的影响也没有定论。与处于热中性或降温状态的奶牛相比，热应激或非降温状态奶牛的牛奶蛋白质百分比降低（Cowley 等，2015；Gao 等，2017），相似（Weng 等，2018）或增加（Tarazon Herrera 等，1999）。研究之间的差异可能表明，除热应激外，不同的饮食成分、泌乳阶段、热应激程度、所用的实验模型、降温设施、处理时间等其他因素，都会影响奶牛对热应激的反应。

4. 乳腺细胞对热应激的反应

乳腺尽管位于腹壁之外，乳腺的内部温度与奶牛的核心体温高度相关，并在暴露于热应激时升高。热应激奶牛的乳汁温度升高也间接支持了乳腺内温度的升高(West 等,2003)。当奶牛受到热应激时,乳腺内的细胞会暴露在更高的温度下,并显示出相应的热休克反应。微阵列分析显示,牛乳腺上皮细胞在体外暴露于高温环境时,下调了细胞结构、生物合成和转运相关基因的表达,上调了蛋白质修复相关基因的表达,提示协调的细胞反应可确保细胞存活(Li 等,2015)。细胞的热休克反应是由其他应激原(如氧化应激)引起的与热应激相关的累积未折叠蛋白引起的(Richter 等,2010)。

热休克蛋白(HSP)的产生是热应激促进蛋白质折叠的最公认的细胞反应。在体外条件下,牛乳腺上皮细胞在 42℃恒温孵育 24 h,HSP70 基因表达急剧增加,但在 42℃孵育 8 h 后又恢复到基础水平,提示长期暴露于热休克状态导致体外乳腺上皮细胞耐热性丧失(Collier 等,2006)。细胞热休克反应是应对高温的适应性机制,对细胞在热应激下的生存至关重要(Richter 等,2010)。但严重情况下,热应激会导致细胞死亡。在体外,乳腺上皮细胞暴露于高温环境会导致细胞增殖停止并诱导细胞凋亡(Du 等,2008;Li 等,2015)。热休克引起细胞凋亡的机制尚不完全清楚。Du 等(2008)报告称,在体外对牛乳腺上皮细胞进行热休克处理会导致线粒体肿胀和线粒体跨膜电位降低,从而导致细胞色素 C 等促凋亡因子的释放,并诱导细胞凋亡。

在活体条件下,热应激对奶牛泌乳期乳腺发育的影响还不清楚。通过长时间热暴露促进乳腺生长的细胞机制尚不清楚,但可能反映出一种适应性反应,以补偿牛奶合成的减少。未来需要通过更多的研究来阐明热应激对牛乳腺发育的影响,同时利用热应激奶牛生理范围内的培养温度进行细胞培养的研究仍然是必要的。

5.泌乳期热应激对乳腺上皮细胞连接及健康的影响

在乳腺中,相邻乳腺上皮细胞形成一个三维结构,也称为连接复合体,由紧密连接、相邻的贴壁连接和桥粒组成,其结构有助于保持乳腺上皮的不渗透性,调节泌乳期离子和小分子跨乳腺血乳屏障的转运(Stelwagen 和 Singh,2014)。完整的乳腺上皮屏障是维持最大产奶量的先决条件,是最佳乳房功能的适当指标。

热应激对上皮连接的完整性有负面影响。在体外实验中,热休克增加了犬和猪肾上皮细胞以及人类结肠和肾上皮细胞上皮连接的通透性(Dokladny等,2016)。同样,在活体条件下,热应激会损害猪、啮齿动物和猴子肠道上皮的完整性。然而,热应激对奶牛乳腺上皮组织通透性影响的研究较少。Weng等(2018)最近比较了泌乳中后期降温和非降温奶牛的乳腺上皮完整性,结果显示,与降温奶牛相比,非降温对血浆乳糖和牛奶牛血清白蛋白的浓度没有总体影响,但在开始处理后会立即增加血浆乳糖浓度。这些数据提示,在热应激条件下,泌乳奶牛能够维持乳腺上皮细胞的整体完整性,但急性热应激可能暂时导致乳腺乳糖的渗漏。除去降温措施后,乳腺组织上皮细胞连接相关蛋白(occludin;claudin-1;zonula occludens-1;zonula occludens-2;E-cadherin)的基因表达上调,但不影响 occludin 和 E-cadherin 蛋白表达(Weng 等,2018)。在哺乳动物细胞中,热应激会导致广泛的蛋白质变性和降解(Flick 和 Kaiser,2012)。因此,热应激有可能导致上皮连接相关蛋白的净丢失,热应激乳腺通过增加这些蛋白的基因表达来努力再生这些蛋白,以维持乳腺上皮的正常完整性。然而,即使基因表达增加也不会导致蛋白质合成的上调。这可能代表了奶牛的一种适应性机制,即以牺牲牛奶合成为代价,转移能量和营养,以保持上皮细胞完整性,支持乳腺的关键功能。

## 四、热休克蛋白在抗氧化与炎症反应中的作用

### (一)热休克蛋白简介

热休克蛋白(heat shock protein,HSP)是细胞受到各种刺激时产生的一类具有重要生理功能和高度保守的多肽类蛋白质分子家族,普遍存在于原核和真核生物细胞中,在应激状态下可被诱导表达(Kristensen 等,2004)。HSP70 是应激因素所诱导出的最为显著的蛋白质之一,也是 HSPs 家族中含量最丰富的一种,它赋予细胞或生物从各种应激状态下恢复的能力,并保护它们免受应激因素的损害,是应激综合反应的代表。传统上,HSP72(分子质量为 72 ku 的 HSP)是一种诱导型蛋白,正常情况下在细胞内表达量极低,当动物暴露于刺激如应激、感染等环境中时,HSP72 的细胞内表达量急剧升高(Kregel,2002)。HSP72 的主要功能是细胞内的分子伴侣作用,在各种应激后的蛋白异

常折叠、突变过程中发挥细胞内保护作用。近年来有文献报道了 HSP 的细胞外释放，并广泛参与到动物的免疫和炎症反应中（Asea 等，2005）。

尽管细胞内热休克蛋白离开细胞的释放机制还不清楚，但普遍认可的是被动和主动 2 种机制。循环中的 HSP70 通过与抗原递呈细胞表面的分子 CD14、CD36、CD40、CD91、LOX-1、Toll 样受体（Toll-like receptor，TLR）2 和 TLR4 结合，刺激促炎症细胞因子 TNF-α、IL-6 等的产生和共刺激因子的表达（Asea 等，2005）。

有研究证实，正常人外周循环中存在可溶性 HSP70 及其抗体。HSP70 向细胞外主动释放的证据包括：生理运动导致循环中 HSP70 的出现，并且先于骨骼肌组织中 HSP70 基因和蛋白表达增高（Walsh 等，2001）；生理应激，如老鼠见到猫，会使 HSP72 进入血液循环（Fleshner 等，2004）；运动后人脑组织能向循环中释放 HSP72（Lancaster 等，2004）。

HSP70 可以选择性地同许多细胞结合，包括树突状细胞、外周血单核细胞等。而 T 淋巴细胞不能结合 HSP70。细胞外 HSP70 利用 TLR2 和 TLR4，通过 CD14 依赖方式传导促炎信号（Asea 等，2002）。细胞外 HSP70 与人单核细胞表面结合后，刺激细胞内钙离子快速地流动（10 s），激活核转录因子 κB（nuclear factor kappa-B，NF-κB）（30 min），并且促进人单核细胞促炎症细胞因子的高表达（2 h）（Asea 等，2000）。

HSP70 还具有分子伴侣与细胞因子的作用，参与免疫反应的启动。抗原递呈细胞暴露于外源性 HSP70 2～4 h 后，导致细胞因子大量释放，包括 TNF、IL-1β、IL-6、IL-12 和粒细胞-巨噬细胞集落刺激因子（granulocyte-macrophage colony stimulating factor，GM-CSF）等（Asea 等，2000）。

同时，HSP72 的表达还与动物氧化应激和抗氧化作用之间存在密切联系。

### （二）奶牛热应激与氧化应激

动物体内活性氧自由基（reactive oxygen species，ROS）产生量的增加和抗氧化防御能力的降低会使动物体处于氧化应激状态，进而引起机体生物大分子的损伤，以及正常生理和代谢功能的紊乱。活性氧的产生速率超出了抗氧化机制的安全防范范围时，氧化应激产生。处于热应激状态的奶牛也会伴随氧化应激的出现，产生一系列健康问题。Harmon 等（1997）报道了泌乳中期奶牛暴露于 29.5℃ 的外界温度下时，血浆抗氧化能力的降低。Trout 等（1997）报道了短时间暴露于热环境中对血浆可溶性抗氧化物（维生素 E、β 胡萝卜素等）的浓度以及肌肉组织丙二醛（malondialdehyde，MDA）（活性氧代谢产物）含量没有明显影响。Calamari 等（1999）发现了泌乳中期奶牛暴露于中度热应激下时，血浆可溶性抗氧化物（维生素 E、β 胡萝卜素）浓度会降低和血浆中硫代巴比妥酸反应产物（thiobarbituric acid reactive substances，TBARS）会增加。Bernabucci 等（2002）研究发现中度热应激奶牛的红细胞内超氧化物歧化酶（superoxide dismutase，SOD）活性、谷胱甘肽过氧化物酶（glutathione peroxidase，GSH-Px）活性、巯基化合物、TBARS 水平较高，而血浆中各氧化指示物变化不明显，因此认为红细胞是研究围产期奶牛暴露于热环境时评价氧化状态的适当和敏感的模型。

### （三）热休克蛋白的抗氧化作用

在正常生理状态下，氧在体内不可避免地转化为称为 ROS 的高活性形式，如过氧化氢、过氧化阴离子、羟自由基等。而且少量 ROS 的产生对于信号途径或细胞活化是必须的。但是，细胞在应激状态下产生的大量 ROS 则会导致体内氧化与抗氧化的失衡，导致氧化应激出现。大量研究表明，在 HSP70 和氧化还原状态之间存在密切的联系。一方面，氧化应激和抗氧化物可能都调控了 HSP70 的表达（Calabrese 等，2000；McLaughlin 等，2003），另一方面，HSP70 表达的降低可以增加 ROS 的产生和线粒体蛋白的氧化（Yan 等，2002）。另外，HSP70 减少了肾细胞由氧化应激导致的细胞损伤（Suzuki 等，2005）。热休克蛋白可能在降低 ROS 聚集方面发挥着重要作用。在局部缺血应激的研究中，HSP70 可以通过增加 GSH-Px 和谷胱甘肽还原酶（glutathione reductase，GR）的活性来减少 ROS 的聚集（Guo 等，2007）。GSH-Px 和 GR 是谷胱甘肽抗氧化系统中 2 个主要的调控酶。敲除 HSP70 基因的老鼠比同窝出生的对照组老鼠的 SOD 活性大大降低（Choi 等，2005）。热休克预处理后的老鼠体内分离的 PBMC 能够抵抗过氧化氢诱导的氧化应激，减少 PBMC 中过氧化物的聚集（Chiu 等，2009）。热休克反应可能通过诱导热休克蛋白的合成，为线粒体提供多项保护作用，减少氧化应激导致的细胞损伤。也有研究指出，HSP72 在由运动诱导的氧化应激中发挥着补充性保护机制（Smolka 等，2000）。

### （四）热休克蛋白参与炎症因子的调控

核因子 κB（nuclear factor kappa-B，NF-κB）是免疫和炎症反应中调控许多基因的重要的转录因子（Karin 等，2005），正常状态下与核因子 κB 抑制蛋白 α（inhibitor of nuclear factor kappa B alpha，IκBα）结合，以非活性复合体的形式存在于胞浆内。不同的刺激可以导致 IκBα 快速磷酸化，进而与 NF-κB 解离，并降解。NF-κB 的 p65 和 p50 亚单位快速转移入细胞核，并激活相关炎性细胞因子的表达。大多数炎症基因的表达需要 NF-κB 途径的激活。NF-κB 途径的非活化在热休克介导的促炎症细胞因子的抑制表达中发挥着主要作用。

Shi 等（2006）的研究说明热休克反应和 HSP70 的过量表达能够抑制 LPS 介导的促炎症细胞因子 TNF-α 和 IL-1 在 mRNA 和蛋白水平的表达，并且发现 HSP70 对炎症因子表达的影响与其对 NF-κB 活化的影响密切相关。HSP70 的过量表达阻止了 IκBα 的降解，抑制了 NF-κB 复合体转录活性成分 p65 的核转录过程。Mivechi 等（1993）发现哺乳动物 HSP70 在体外可以激活磷蛋白磷酸酶。Ding 等（1998）发现 HSP70 的过量表达可以通过激活蛋白磷酸酶从而抑制转录因子的磷酸化。

氧化应激可能参与运动诱导的循环 HSP72 反应，增加维生素 C 和维生素 E 可以阻断这种反应（Fischer 等，2006）。抗氧化的叶酸，在体内可降低氧化应激，显著降低Ⅱ型糖尿病病人体内的血清 HSP72 水平（Hunter-Lavin 等，2004）。对先兆子痫病人的氧化应激研究中表明（Molvarec 等，2009），病人血清中 HSP70 水平升高，其升高的水平与肝脏的酶（特别是 LDH）的活性强相关，与炎症反应指示物急性期蛋白和氧化应激指示物 MDA 呈显著相关。由于肝细胞的坏死仅在先兆子痫严重病例中发生，而且，HSP70 也可以从完整正常肝细胞分泌（Febbraio 等，2002），同时急性期蛋白也可由肝脏合成与分泌，由此说明，血清 HSP70 很有可能来自肝脏的合成与分泌。应激或损伤造成的循环 HSP70 可以作为细胞间应激信号分子，启动固有或被动促炎症免疫反应（Pockley，2003）。

## 五、缓解奶牛热应激的综合性措施

如何缓解奶牛热应激成为世界范围内的热点问题。夏季预防奶牛发生热应激宜采取综合性防控措施，具体体现在物理降温、营养调控及耐热奶牛品种的选育3个方面（张凡建等，2012a，b）。

### （一）物理性降温措施

高温季节影响有效温度的4个因素包括温度、湿度、气流和热辐射。而温度和湿度是其中影响最大的2个因素，国际上普遍采用THI来衡量奶牛热应激程度。在生产中考虑降温措施时，要充分考虑以上4个因素。

1.遮阳设施

选用遮阳设施的目的是保护奶牛免受热辐射（图2-3），即光照。有研究表明，设计良好的遮阳棚会减少30%～50%的热负荷（Armstrong，1994）。与无遮阳棚相比，遮阳棚下奶牛有较低的直肠温度、较低的呼吸频率，而且还可增加10%的产奶量（Roman-Ponce等，1977）。

图2-3　架设遮阳网降低太阳热辐射

首先,选择合理的遮阳设施。可以选择在运动场周围绿化种树,因为凉爽的树叶既可蒸发潮气,还可防止太阳辐射。也可以选择搭建遮阳棚,顶棚的材质尽量选择辐射系数小且具有良好隔热效能的材料(表 2-2),其中 15 cm 厚的干草、木材、石棉瓦、90% 遮阳布等遮阳材料均有不错的效果(Armstrong,1994)。

其次,设计合适的遮阳棚。遮阳棚的走向需考虑有效遮阳和场地干燥两方面的因素。对于经常下雨的高温高湿地区,遮阳棚长轴最好选南北向,这样可使棚下区域暴露于早晚的太阳辐射,便于场地的干燥。对于干热地区,遮阳棚长轴最好选东西向,可有较大遮阳面积,地面比较凉爽。

**表 2-2　不同遮阳材料的遮阳效力**

| 材料 | 描述 | 效力 |
| --- | --- | --- |
| 干草 | 15 cm 厚 | 1.203 |
| 木材 | 未上漆 | 1.060 |
| 镀锌钢板 | 上部白色,下部自然 | 1.053 |
| 铝 | 上部白色,下部自然 | 1.049 |
| 涂橡胶的尼龙 | 双面白色 | 1.037 |
| 铝 | 标准 | 1.000 |
| 镀锌铁 | 标准 | 0.992 |
| 石棉板 | 自然色 | 0.956 |
| 遮阳网 | 90%实心 | 0.839 |
| 遮阳网 | 80%实心 | 0.819 |
| 板条木材 | 5 cm 板,5 cm 空隙 | 0.589 |

遮阳棚设置于运动场中央(图 2-4),如地面是泥土的,遮阳棚需位于排水效果较好的位置。棚顶的设计高度一般以 3.5～4.5 m 为宜。通常情况下,为干热环境下泌乳牛提供 3.5～4.5 $m^2$/头的面积,为湿热环境下泌乳牛提供 4.2～5.6 $m^2$/头的面积。

2. 加强通风

通风可增加牛舍内蒸发散热和对流散热速度。加强通风是夏季缓解奶牛热应激采取的主要措施之一。

图 2-4 运动场搭建遮阳棚

(1)自然通风方面　牛舍的建筑设计需根据当地气候条件特别是降水量而定。自然通风牛舍屋顶的形式对于热压引起的自然通风效果影响较大。一般认为,开放式屋顶的通风效果最好(图 2-5),屋顶坡度在 1∶3到 1∶2之间最为有效(施正香等,2011)。高坡度屋顶可更快地排出湿气和臭气,且降温效果好。但坡度太高的屋顶建造成本高。增加牛舍屋檐高度有利于通风。除此之外,可适当增加窗户面积,打开牛舍南北门窗,加强自然通风。

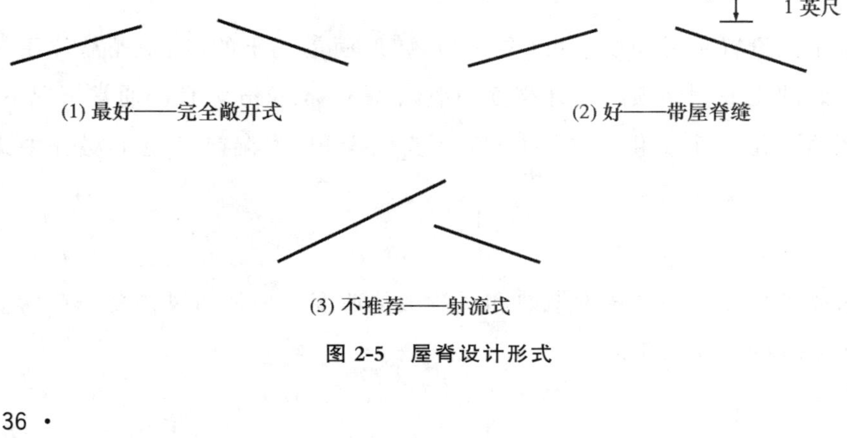


图 2-5 屋脊设计形式

(2)机械通风方面　可在牛舍、挤奶厅等区域安装风扇(图 2-6),加强机械通风,加速空气对流。在环境温度低于奶牛体温的情况下,风扇对奶牛的降温效果更好一些。风扇安装高度应距牛背 2 m,与地面呈 20°～30°坡度,选择相应功率,风速以 4 m/min 为宜,主风向应吹向牛体左侧瘤胃体表投影处。一般以每隔 6 m 设置一个直径 0.9 m 的风扇为宜(王加启和王建平,2010)。但在外界温度较高的情况下,单纯吹风的降温效果并不理想,一般与喷淋或喷雾相结合。

**图 2-6　牛舍内安装风扇机械通风**

3.喷雾降温

喷雾降温是蒸发降温的一种方式,通过将水雾化、浮于空气,利用水的蒸发汽化给奶牛周围空气降温。研究表明,1g 水蒸发汽化可带走 0.56 kcal 的热量。喷到空气中水滴的颗粒大小及分布主要依赖于压力和喷嘴型号。

喷雾降温方式需注意以下几个方面(Berman,2009;Khongdee 等,2006):①该方式最好与吹风联合使用。如果不配合吹风,喷出的水雾会沉积到地面上,使牛床潮湿,相对湿度加大;而且喷出的水雾会沉积到牛体周围,影响水汽蒸发和热量传导,进而影响散热。②由于相对湿度对降低空气温度至关重要,利用喷雾给空气降温的方式只适用于干燥气候。③使用喷雾降温时，尽量使用尼龙帘子等封闭牛舍，防止降温后的空气流失，因此此方式不适用于开放式牛舍。

4. 喷淋降温

喷淋降温是浸湿动物被毛后，水分蒸发带走热量直接冷却动物的降温方式。由于浸湿的被毛仅能保持少量水分，所以喷淋浸湿必须反复进行。一般将吹风和喷淋联合操作来增加动物周围的空气流通，防止湿气聚集在动物周围，从而保持被毛和动物周围空气之间的湿度差。水分从被毛的蒸发实际上不依赖于舍内整体环境的湿度。这个特点使吹风+喷淋的降温方式适用于干燥和潮湿的天气。吹风+喷淋在缓解奶牛热应激的应用已经有20多年的历史，并且在许多国家推广应用。我国在吹风+喷淋降温措施的应用研究上做了不少探索。但完善和提高该措施的热应激缓解效果的原理（如浸湿的频率、空气流速、强制通风时间等）方面还需深入探讨。该降温措施的其中一原则是尽量使本次喷淋的水分在下一次喷淋前全部蒸发。有研究表明，在环境温度29～30℃、相对湿度57%的条件下，水从被毛蒸发需要8～10 min（Berman，2008）。探讨不同环境条件下水分从被毛蒸发所需时间，可以减少水的使用量。

基于国内外多年对“吹风+喷淋”降温措施的应用经验，总结出一系列有价值的参考规律：①喷淋的最佳效果是把牛体全部浸湿且没有水从牛体滴下。②根据奶牛热应激程度确定喷淋间隔周期，以短时间、大水滴、间歇式淋浴效果最佳，其原则是水在下次喷水前全部蒸发掉，而且风扇要把富含水汽的空气吹走。国内很多牛场选用5 min降温循环，包括30 s的喷水和4.5 min通风，以便把奶牛皮肤上的水直接蒸发汽化。③保证所有风扇向同一方向吹。④喷淋地点可设置在食槽上方（注意不能喷湿饲料）、挤奶厅待挤区等，喷淋地面以水泥地面为宜。吹风+喷淋的降温方式具有运行费用低、设备简单和易于控制等优点，因而被广泛应用。

夏季缓解奶牛热应激是一个系统工程。奶牛场可根据自身特点，选取最适宜的物理性降温方式。吹风+喷淋的降温方式是给奶牛降温的最有效方式，适合大力推广。同时还需要进一步研究空气温度、湿度和风速在该体系中的作用，探索出不同热应激情形下最佳的吹风＋喷淋调控组合。热应激缓解措施有效性的评价传统上是通过奶牛生产效能或动物反应（如体温或呼吸频率）来检测的，但这需要较长一段时间。探讨实时检测热应激缓解效果并即时更改调控频率也将是一个研究方向。

### （二）营养调控

导致夏季奶牛生产能力下降的主要原因是采食量的降低和维持需要量的增加，因此需要采取多种途径增加奶牛采食量，并在此基础上适当提高日粮能量、蛋白浓度，提高矿物质和微量元素的含量，实现夏季奶牛的营养代谢平衡。

1.提供充足清洁饮水

夏季高温条件下，增加呼吸次数和汗液排出是奶牛自身主要的降温机制。热应激条件下，奶牛的饮水量会显著增加，尽量为奶牛提供清洁干净的饮水，让奶牛多饮水。奶牛的饮水量因气温、湿度和产奶量的不同而有所差异，宜采取自由饮水的方式。如果不能满足自由饮水，轻度热应激的奶牛的饮水量保证 100 kg/d；中度热应激奶牛饮水量保证 120 kg/d；重度热应激奶牛饮水量保证 150 kg/d（王加启和王建平，2010）。

2.提高日粮能量水平

提高日粮能量水平的方式有 2 种（张继红等，2006）。一是降低日粮粗精比。高纤维日粮产生的体增热较多，会增加奶牛的散热负担，加剧热应激反应。因此在夏季应适当增加日粮中精料的比例，并尽可能选择和饲喂高质量的青绿饲料如优质青草、胡萝卜等，但精料比例限制在干物质总量的 50%～60%较为合适，如果添加精料过多，会影响乳脂率，引起瘤胃酸中毒。二是添加脂肪等高能成分。日粮中补饲的脂肪能量高且热增耗少，并能增加适口性和能量摄入量，是最有效的提高能量浓度的方法。日粮中添加脂肪的实用原则为：①日粮中的总脂肪不要超过日粮干物质的 5%～6%；②20%～30%的脂肪应来源于日粮本身的饲料中（如玉米、饲用谷物等）；③来源于全棉籽或大豆等油料籽实的脂肪应少于 30%～40%，因为这些籽实同时提供脂肪和蛋白质，但所含的是不饱和油脂；④15%～20%来源于瘤胃钝化或保护性脂肪；⑤逐渐地向奶牛日粮中添加脂肪，以便让奶牛适应。

3.提高日粮蛋白浓度

热应激牛由于采食量下降和汗液中氮的丢失，体蛋白分解代谢加强，使蛋白维持需要量增加，因此需要提高日粮蛋白浓度。但蛋白浓度并非越高越好，要尽量减少使用过量的瘤胃可降解蛋白质，否则每分解 100 g 过量的蛋白质相当于耗费了 0.8 L 的牛奶（小山彼得，2009）。同时过高的蛋白水平还对奶牛繁殖性能产生不利影响。Huber（1994）建议热应激下，奶牛日粮蛋白水平不应超过 18%，瘤胃可降解蛋白水平不应超过总蛋白的 61%，合理调整瘤胃可降解蛋白和过瘤胃蛋白（如啤酒糟）的比例非常必要。对于日产奶量超过 27 kg 的奶牛使用过瘤胃蛋白通常是有益的。泌乳初期，适当提高蛋白水平，且过瘤胃蛋白在 35%以上是关键。

4.补充矿物质和微量元素，调整日粮阴阳离子平衡

热应激期间，提高日粮矿物质浓度来弥补采食量的降低和某些矿物质的排出是很有必要的。日粮阴阳离子平衡（dietary cation-anion balance，DCAB）直接影响体内酸碱平衡、离子平衡及酶系统等。许多试验表明，提高日粮 DCAB 可提高采食量和生产性能，通过添加 $NaHCO_3$、$K_2CO_3$、$CaCl_2$、$NH_4Cl$ 等电解质可减缓热应激造成的危害（李秋凤等，2003）。但含高水平 $K^+$、$Na^+$、$Mg^{2+}$ 的日粮，只宜在泌乳期使用，干奶期特别是围产前期使用容易引起奶牛乳房水肿。铬以 $Cr^{3+}$ 形式构成葡萄糖耐量因子（glucose tolerance factor，GTF）的活性成分，协助胰岛素作用，影响碳水化合物、脂类、蛋白质和核酸代谢。在高温等应激条件下，葡萄糖代谢增加，机体动用铬贮备，尿铬排出量增加，从而使奶牛体内缺乏铬。此时在日粮中添加足够的可利用铬，可以降低奶牛血清中皮质醇浓度，改善生产性能，提高奶牛抗热应激能力（李新建等，2006）。

5.其他抗热应激添加剂的研究和应用

主要包括离子缓冲剂、维生素、复合酶制剂、瘤胃素、酵母培养物、铬制剂等以及一些中草药。维生素抗热应激方面研究和应用较多的是烟酸和维生素 C。杨耐德等（2010）研究认为夏季给奶牛补饲烟酸有助于缓解热应激，适宜的添加量为 8 g/d。戴晋军等（2010）研究认为日粮中添加酵母有较强的抗热

应激作用，并有一定的促进采食作用。有不少具有清热解暑、凉血解毒作用的中草药也应用于夏季奶牛抗热应激中，取得了一定的效果。

### （三）抗热应激奶牛品种的选育

耐热性状是影响我国荷斯坦奶牛产奶性能的主要因素，遗传因素则是影响耐热性状的重要因素之一。目前评定耐热性能的指标主要有直肠温度、生产力指标、血红蛋白指标、红细胞钾指标等。

生理指标中，常以高温环境下奶牛直肠温度的高低评定耐热性能，认为高温环境下直肠温度越高，表明奶牛的耐热性能越差。奶牛产奶量下降水平是衡量耐热性能最实用的指标，常采用下降率，即热应激期间产乳量和等热区平均产乳量之差与等热区产乳量的百分比来表示。血红蛋白具有较高遗传性，与耐热性有关。红细胞钾含量是稳定而可靠的耐热性指标，不受营养、环境和生理等因素的影响。低钾牛比高钾牛耐热，并且有较好的遗传力，目前已有依据红细胞钾含量培育耐热品种的报道。热休克蛋白（HSP）是动物接触高温或其他刺激因素表达最强的一种热应激蛋白，跟细胞凋亡的调控、动物耐热力的增强等方面有着密切的联系，血液淋巴细胞 HSP70 表达可能会是评估奶牛耐热性能的重要指标。

在抗热应激奶牛品种培育过程中，选择产奶量高、乳质好、对热应激具有强抵抗力的奶牛品种（如娟姗牛、瑞士褐牛）来改良本地荷斯坦牛的方法，是提高耐热品种奶牛培育、缓解热应激的重要方法。

分子标记技术是家畜育种研究的热点，开辟了家畜育种的新领域、新途径，给育种领域带来了深刻影响。从基因水平对奶牛的耐热性状进行研究，寻找与耐热性状紧密连锁的分子标记或克隆出控制耐热性状的基因，对于采用分子标记辅助育种、选育高产耐热奶牛具有十分重要的意义和广阔的发展前景。

## 第二节　热应激对奶牛代谢和健康的影响及有机铬的调控研究

奶牛热应激状态不仅受外界环境和饲养管理等因素影响，还与胎次、泌乳阶段、福利状态等自身因素密切相关(Kadzere 等,2002)。在各种内外因素作用下,奶牛体现出不同热应激状态,进而影响生产性能。单纯依靠温湿度指数(THI)很难准确界定奶牛热应激状态,也会影响防治效果。早前的研究表明,与其他各泌乳期相比,泌乳中期奶牛对高温高湿天气更加敏感(Perera 等,1986;Maust 等,1972)。本节通过外界温湿度实时监测结果与各项生理指标相结合,基本确定奶牛的热应激状态,并探讨不同程度热应激对泌乳中期奶牛生产性能、脂质代谢和抗氧化能力的影响。

有机铬作为人和动物必需的微量元素之一,其在动物葡萄糖和脂肪代谢中发挥着重要作用(Vincent,2004)。应激会导致奶牛糖代谢和矿物质代谢发生一系列改变,导致糖原降解和糖异生作用的加强,葡萄糖利用的加强会导致组织中铬的动员增加并最终通过尿将铬排出体外(Anderson,1997),最终导致铬的需求量增加。本研究以吡啶羧酸铬为铬源,探讨其对热应激奶牛代谢的调控作用。

## 一、材料与方法

### (一)试验动物

本试验选取 24 头荷斯坦奶牛,由北京某规模化奶牛养殖场提供。奶牛均为头胎、泌乳中期(分娩后 110～120 d),体重为(600 ± 21) kg。试验前所有奶牛临床健康,试验前连续 10 d 用北京亚临床乳腺炎快速诊断液(BMT,隐性乳腺炎检验试剂)检测每头奶牛 4 个乳区的乳汁,乳体细胞数均小于 20 万个/mL。

### (二)试验材料

吡啶羧酸铬产品(铬含量为 0.2%),购自北京中天微维生物技术有限公司。

### (三)试验设计

参考当地天气状况的历史数据,根据温湿度指数(THI)实时监控结果,依据相应标准(Armstrong,1994),将试验分成了具有不同热应激程度的 3 个阶段,即低热期(low THI period, LTHI;5 月 8 日至 6 月 2 日; THI = 56.4 ±

2.5)、中热期(moderate THI period，MTHI；6 月 3～18 日；THI = 73.9 ± 1.7)和高热期(high THI period，HTHI；6 月 19 日至 7 月 13 日；THI = 80.3 ± 1.0)。各阶段的奶牛分别处于无热应激、轻度热应激和中度热应激状态。各处理奶牛饲喂相同基础日粮(原料及营养组成见表 2-3)。随机选取其中 12 头奶牛的基础日粮中添加吡啶羧酸铬[铬添加量为 3.5 mg/(头·d)]。添加方法：每次饲喂前先将混有吡啶羧酸铬产品的 0.25 kg 的浓缩料供牛单独采食，待添加物完全采食后再提供其余日粮。吡啶羧酸铬产品在每日中午饲喂时一次性添加。试验奶牛集中饲养于一栋双列式开放型牛舍，牛舍长 90 m，宽 7.5 m。试验期间每日 3:30、11:30 和 18:30 挤奶 3 次，饲喂 3 次，自由饮水。

**表 2-3　奶牛基础日粮原料和营养组成(以干物质计)**

| 原料和营养组成 | 水平 |
|---|---|
| 原料/% | |
| 玉米黄贮 | 28.0 |
| 羊草 | 14.0 |
| 浓缩料[1] | 58.0 |
| 营养组成 | |
| 产乳净能/(MJ/kg) | 6.07 |
| 干物质/% | 52.0 |
| 粗蛋白/% | 13.6 |
| 粗脂肪/% | 4.1 |
| 中性洗涤纤维/% | 33.4 |
| 酸性洗涤纤维/% | 19.9 |
| Ca/% | 0.80 |
| P/% | 0.41 |

注：1 含有 47.0%玉米、7.8% 麸皮、22.0% 豆粕、4.0% 菜粕、7.0%棉籽粕、1.5% 过瘤胃脂肪、1.2% 磷酸氢钙、1.3% 石粉、1.5% 碳酸氢钠、1.0% NaCl、4.5% DDGS 和 1.2% 维生素矿物质添加剂(每千克添加剂含：维生素 A 660 000 IU、维生素 $D_3$ 150 000 IU、维生素 E 6 000 mg、铜 2 000 mg、锌 8 000 mg、锰 2 500 mg、碘 60 mg、硒 120 mg、钴 50 mg)。

整个试验期内每天每隔 1 h 记录牛舍空气温度和相对湿度。每日 11:30 和 18:30 前分 2 次测定呼吸频率、直肠温度和心率。试验期记录每头牛每天产奶量和干物质采食量。分别于 5 月 20 日、6 月 13 日和 7 月 13 日对每头试验牛采集乳样 200 mL，冰盒保存，立即送实验室利用乳成分测定仪检测乳成分，利用乳体细胞分析仪检测乳体细胞数，并进行乳体细胞的分离提取。

血样采集在每个采样日（5 月 20 日、6 月 13 日和 7 月 13 日）的 11:30 之前（采食前）迅速完成。针对 24 头试验牛，每头牛尾静脉采血 15 mL，其中 10 mL 转入分离胶促凝管，另 5 mL 转入 EDTA 抗凝管，迅速放入备好的冰盒，送实验室检测。抗凝血用于血细胞计数与外周血单个核细胞（PBMC）的提取和分离。促凝血 3 000 g/min、4℃的条件下离心 10 min，吸取血清，置 −20℃ 保存，用于血清生化指标、抗氧化能力、血清 HSP72 和细胞因子的测定。

## 二、热应激对奶牛脂质代谢和氧化能力的影响及有机铬的调控

夏季高温高湿天气会对奶牛，特别是高产奶牛的生产性能和福利产生负面影响，包括产奶量下降（West，2003；Silanikove 等，2009），繁殖性能降低（Al-Katanani 等，2002；Crowe 和 Williams 等，2012；Lucy，2008）等。热应激影响泌乳奶牛的能量代谢（Wheelock 等，2010）。先前的研究表明处于高热环境下的奶牛可能处于氧化应激状态中。正常状况下，动物体内的氧化与抗氧化处于相对平衡状态，当活性氧的产生超出了动物的抗氧化防御机制时，就会出现氧化应激现象（Trevisan 等，2001；Albano，2006）。由氧化应激导致的病理过程包括自由基对组织的直接损害，以及由炎症因子介导的组织炎症的发生（Weismann 等，2011）。有报道称，抗氧化防御机制可能调控了乳腺组织中促炎症反应的发生（Aitken 等，2009）。我们推测不充分的抗氧化功能可能导致热应激奶牛炎症反应的发生，进而导致疾病发病率的增高，至少部分地与生产性能下降有关。

HSP72（HSP70 家族中分子质量为 72 ku 的热休克蛋白）是一种诱导性蛋白，在非应激的正常状态下在细胞内的表达量极低，当机体暴露于应激原时，如应激、感染等时，HSP72 的表达量会急剧增加（Kristensen 等，2004；Walsh 等，2001；Fleshner 等，2004；Lancaster 等，2004）。有报道称，HSP70 的表达与抗氧化能力密切相关（Yan 等，2002）。因此，我们推测高热环境下奶牛 HSP72 的产生量会增加。热应激奶牛 HSP72 表达的改变可能与抗氧化状态有关。$Cr^{3+}$ 是葡萄糖耐量因子的核心组成部分，在调控血糖代谢过程中发挥着重要

的生理功能。先前奶牛研究表明，铬添加能够增加产奶量（Smith 等，2005），提高繁殖力（Bryan 等，2004）。在人类，铬的添加能够削弱氧化应激的影响（Cheng 等，2004）。虽然铬添加的抗炎性作用已经得到深入研究（Kegley 等，1996；van de Ligt 等，2002），但很少有文献描述铬添加对热应激奶牛 HSP72 的产生、抗炎反应和抗氧化状态的影响。本部分研究结果探究了 HSP72 的产生是否与抗氧化状态和抗炎症反应有关，评价了铬添加对热应激奶牛胆固醇代谢、HSP72 产生、抗氧化状态的影响。

### （一）检测方法

1．主要仪器设备

（1）生产性能测定　干湿球温湿度计（TAL-2，河北武强红星仪器制造厂）；亚临床乳腺炎快速诊断液（北京奶牛研究所）；乳成分测定仪（LactoScope™ FT-IR，荷兰 Delta Instruments）；体细胞测定仪（Nucleocounter SCC-100，丹麦 Chemometec）。

（2）血液生化和抗氧化指标测定　TDZ5-WS 多管架自动平衡离心机（湖南湘仪公司）；全自动血球分析仪（MEK-7222K，Nihon Kohden，日本）；生化检测试剂盒（中生北控生物科技股份有限公司）；全自动临床生化分析仪（Accute TBA-40FR；Toshiba，日本）；总抗氧化能力测定试剂盒（南京建成生物工程研究所）；总超氧化物歧化酶测定盒（南京建成生物工程研究所）；微量丙二醛测定试剂盒（南京建成生物工程研究所）；牛热休克蛋白-72 酶联免疫分析试剂盒（Stressgen，Bologna，意大利）；酶标仪 Model680（BIO-RAD 公司，美国）。

2．测定方法

（1）BMT 法测乳体细胞数

方法：使用 BMT 试液前，用蒸馏水将其做 1∶4倍的稀释，现用现配。弃去前 3 把乳汁，将乳汁挤入诊断盘内，诊断盘倾斜 45°以弃去多余乳汁，使诊断盘中存留奶样 2 mL 左右；每个样品加入 2 mL 稀释后的 BMT 试液；持诊断盘做水平摇动；再倾斜摇动 50 s 后观察。

判断标准：反应物均质，流动无异常，颜色呈淡黄色，乳体细胞数为 0～20 万个/mL；倾斜诊断盘，反应物流过时盘底有薄絮层出现，颜色多为黄色或少有绿色，为可疑，乳体细胞数为50万～80万个/mL；摇动可见反应物不均质，倾斜诊断盘时化合物有明显絮状，乳体细胞数为80～150万个/mL；摇动时反应物中间有厚絮，停止摇动后又分开，可判为“++”，若反应物颜色呈黄绿色，该乳区判断为隐性乳腺炎；摇动诊断盘时反应物呈黏稠状、挂于盘底，颜色为黄绿色，乳体细胞数为150～500万个/mL；摇动诊断盘，反应物呈胶冻状，边缘半透明，颜色呈浅绿或深绿色，乳体细胞数为500万个/mL以上。

（2）THI实时监测　整个试验期内每天每隔1 h记录牛舍空气温度和相对湿度。方法是牛舍中央及四角距地面1.5 m高处各悬挂干湿球温度计。THI值按照所报道的公式（NRC，1971）计算：$THI = 0.72(T_{wb} + T_{db}) + 40.6$，其中，$T_{wb}$为湿球温度（℃），$T_{db}$为干球温度（℃）。采样日的热应激程度根据之前连续10 d的THI值以及相应的生理指标来确定。

（3）生理指标　每日11:30和18:30前分2次测定呼吸频率、直肠温度和心率。

（4）全血相关指标分析　红细胞（RBC）计数、白细胞（WBC）计数、血红蛋白（HGB）浓度、红细胞比容（HCT）、平均红细胞体积（MCV）、平均红细胞血红蛋白含量（MCH）、红细胞平均血红蛋白含量（MCHC）、血小板（PLT）浓度等指标由全自动血球分析仪来测定。

（5）生化分析　血清中总蛋白（total protein，TP）、白蛋白（albumin，ALB）、天冬氨酸氨基转移酶（aspartate aminotransferase，AST）、丙氨酸氨基转移酶（alanine aminotransferase，ALT）、碱性磷酸酶（alkaline phosphatase，ALP）、γ-谷氨酰基转移酶（γ-glutamyltransferase，γ-GGT），血糖（glucose，GLU）、血尿素氮（blood urea nitrogen，BUN），尿酸（uric acid，UA），肌酐（creatinine，CRE）和胆固醇（cholesterol，CHO）含量等指标由全自动临床化学分析仪来测定，检测所用试剂盒由中生北控生物科技有限公司提供。

（6）抗氧化能力的检测　血清总抗氧化能力（total antioxidant capacity，T-AOC）、总超氧化物歧化酶（total superoxide dismutase，T-SOD）活性和丙二醛（malondialdehyde，MDA）浓度由商品化试剂盒检测，具体步骤参照试剂盒说明书。检测原理：

血清中的许多抗氧化物质，能使$Fe^{3+}$还原为$Fe^{2+}$，后者可与菲啉类物质形成稳固的络合物，通过比色可测出其抗氧化能力的高低。

通过黄嘌呤及黄嘌呤反应系统产生超氧阴离子自由基，后者氧化羟胺形成亚硝酸盐，在显色剂的作用下呈现紫红色，用可见光分光光度计测其吸收度。当被测样品中含 SOD 时，则对超氧阴离子自由基有专一性的抑制作用，使形成的亚硝酸盐减少，比色时测定管的吸光度值低于对照管的吸光度值，通过公式计算可求出被测样品中的 SOD 活力。

过氧化脂质降解产物中的 MDA 可与硫代巴比妥酸（TBA）缩合，形成红色产物，在 532 nm 处有最大吸收峰。

3. 血清 HSP72 浓度测定

双抗体夹心法测定血清中 HSP72 的浓度，具体步骤参照试剂盒说明书。

4. 数据处理

采用 SAS 软件（SAS Inst. Inc.，Cary，NC）中的混合模型程序对原始数据进行方差分析。统计分析包括 THI（LTHI、MTHI 和 HTHI）、铬添加（$Cr^-$ 和 $Cr^+$）的固定效应，以及 THI 和铬添加的交互作用。以 $P<0.05$ 为差异具有统计学意义。

### （二）热应激和铬添加对奶牛生理指标的影响

结果显示，THI 和铬添加对牛的直肠温度、呼吸频率和心率等生理指标的影响不存在交互作用（$P>0.05$）（表 2-4）。与低热环境（LTHI）相比，中热（MTHI）和高热（HTHI）环境下奶牛的直肠温度、呼吸频率和心率都显著升高（$P<0.001$）。而且高热环境下的直肠温度和呼吸频率（$P<0.001$）均高于中热环境。铬添加没有影响试验奶牛的上述生理指标。

本实验选取临床健康、头胎、泌乳中期的奶牛作为评价指标，通过实时监控外界温湿度指数，并结合奶牛呼吸、心率、肛温等生理指标，基本确定了奶牛的热应激状态。这比单纯选取温湿度指数作为评定指标更加客观和可靠。试验结果表明，肛温和呼吸 2 个生理指标对热环境的反应更敏感，夏季对奶牛肛温和呼吸的常规监测有助于我们及时了解奶牛的热应激状态，并做出针对性的防控措施。

表 2-4 THI 和铬添加对试验奶牛生理学指标的影响

| 指标 | LTHI | | MTHI | | HTHI | |
|---|---|---|---|---|---|---|
| | $Cr^-$ | $Cr^+$ | $Cr^-$ | $Cr^+$ | $Cr^-$ | $Cr^+$ |
| 直肠温度/℃ | $38.6^{c}$ | $38.5^{c}$ | $39.0^{b}$ | $39.1^{b}$ | $40.1^{a}$ | $40.0^{a}$ |
| 呼吸频率/(次/min) | $38^{c}$ | $37^{c}$ | $59^{b}$ | $60^{b}$ | $91^{a}$ | $91^{a}$ |
| 心率/(次/min) | $65^{c}$ | $65^{c}$ | $96^{a}$ | $95^{a}$ | $85^{b}$ | $89^{b}$ |
| 指标 | SEM[1] | | | *P*-value | | |
| | T | Cr | T × Cr | T | Cr | T × Cr |
| 直肠温度/℃ | 0.071 | 0.058 | 0.10 | <0.001 | 0.64 | 0.73 |
| 呼吸频率/(次/min) | 1.8 | 1.5 | 2.6 | <0.001 | 0.89 | 0.95 |
| 心率/(次/min) | 1.8 | 1.4 | 2.5 | <0.001 | 0.51 | 0.47 |

注：a-c表中同行肩标小写字母不同者表示差异显著($P<0.05$)；

[1]THI (T)，Cr 及其交互作用 (T × Cr)的混合 SEM 值。

## (三)热应激和铬添加对奶牛干物质采食量和日均产奶量的影响

结果显示，试验中不同热环境和铬添加对试验期奶牛的干物质采食量和奶产量没有显著影响(表 2-5)。

表 2-5 THI 和铬添加对试验奶牛生产性能的影响 kg/d

| 指标 | LTHI | | MTHI | | HTHI | |
|---|---|---|---|---|---|---|
| | $Cr^-$ | $Cr^+$ | $Cr^-$ | $Cr^+$ | $Cr^-$ | $Cr^+$ |
| 干物质采食量 | 21.23 | 23.48 | 21.08 | 23.04 | 19.98 | 21.96 |
| 日均产奶量 | 23.46 | 24.05 | 21.67 | 22.45 | 21.26 | 22.27 |
| 指标 | SEM[1] | | | *P*-value | | |
| | T | Cr | T × Cr | T | Cr | T × Cr |
| 干物质采食量 | 1.5 | 1.6 | 2.7 | 0.89 | 0.75 | 0.56 |
| 日均产奶量 | 1.7 | 1.7 | 2.3 | 0.46 | 0.33 | 0.87 |

注：[1]THI (T)，Cr 及其交互作用 (T × Cr)的混合 SEM 值。

有研究证实，泌乳中期奶牛更容易被炎热环境所影响(Maust 等，1972)。主要原因可能与各泌乳阶段营养代谢状况的不同。泌乳早期的产奶通过动员组织储存物(主要是脂类)来支持,而泌乳中期的奶牛的产奶可能主要通过采食量来支持。在本试验中,奶牛的干物质采食量和产奶量都没有因为不同热环境而发生显著改变。炎热环境下泌乳期奶牛采食量的下降导致与消化和代谢相关的代谢性产热量的减少。如果环境温度高于临界值时,奶牛要首先维持身体的热平衡,而生产过程处于其次(Johnson 等,1991)。这种状况下消耗的能量更多是用于维持而非产奶。据报道,环境温度在 35℃ 比 20℃ 的维持能量需要量要多 20%(NRC,1981)。除了热应激导致的采食量降低之外,更重要的可能是热应激对能量代谢的直接影响。有研究表明,营养物质摄入量降低的作用仅占热应激导致产奶损失的 35%(Wheelock 等,2010)。因此,有必要对热应激对能量代谢的影响做更深入研究。

### (四)热应激和铬添加对奶牛乳成分和体细胞数的影响

结果显示,高热环境下的乳脂率显著低于中热环境($P<0.05$)。中热环境下的奶牛乳蛋白水平极显著低于低热环境($P<0.01$),而高热环境下的乳蛋白水平又高于中热环境($P<0.05$)。乳中其他成分的改变不呈现差异显著性(表 2-6)。铬添加对乳成分的影响差异不显著。THI 和铬对乳体细胞数(somatic cell count,SCC)没有交互作用。低热环境下奶牛的乳 SCC 均低于 $200\times10^3$ 个/mL,而中热环境下的 2 头(2/24)奶牛和高热环境下的 7 头(7/24)奶牛的 SCC 超过 $200\times10^3$ 个/mL。铬添加没有显著改变乳 SCC。

乳脂肪与乳蛋白的含量和组成是构成牛奶重要营养品质的主要物质基础,也是奶业核心竞争力的标志(王加启,2011)。许多报道称,高温热应激会导致牛奶品质下降,其中包括乳脂和乳蛋白的降低(Silanikove 等,2009)。本实验表明,中度热应激较轻度热应激的牛奶乳脂率显著降低,但与无热应激阶段无显著性差异。胰岛素-葡萄糖理论认为,乙酸是乳脂合成的前体物质,丙酸是糖异生的前体物质。高温条件下的奶牛摄入较多的高精日粮因瘤胃发酵产生丙酸较多,刺激胰岛素分泌,使更多的吸收养分用于体组织而不是乳腺组织代谢,故造成乳脂率降低。适当添加过瘤胃脂肪或乙酸钠可能会起到升高乳脂率、缓解热应激的效果(Moallem 等,2010)。但需要注意的是,在奶牛日粮中补充脂肪提高乳产量与乳脂含量时通常会降低乳蛋白的含量(王加启,

**表 2-6 THI 和铬添加对试验奶牛乳成分的影响** %

| 指标 | LTHI | | MTHI | | HTHI | |
|---|---|---|---|---|---|---|
| | $Cr^-$ | $Cr^+$ | $Cr^-$ | $Cr^+$ | $Cr^-$ | $Cr^+$ |
| 乳脂 | $3.02^{ab}$ | $3.02^{ab}$ | $3.36^{a}$ | $3.33^{a}$ | $2.70^{b}$ | $2.71^{b}$ |
| 乳蛋白 | $3.05^{a}$ | $3.06^{a}$ | $2.71^{b}$ | $2.69^{b}$ | $2.89^{a}$ | $2.85^{a}$ |
| 乳糖 | 5.01 | 5.00 | 5.07 | 5.09 | 5.06 | 5.04 |
| 总干物质 | 11.48 | 11.56 | 11.62 | 11.58 | 11.10 | 11.23 |
| 非脂固形物 | 8.26 | 8.26 | 7.94 | 7.96 | 7.89 | 7.90 |
| 总糖 | 4.81 | 4.82 | 4.93 | 4.89 | 4.90 | 4.79 |
| 乳 SCC，$10^3$ 个/mL | 171 | 155 | 249 | 315 | 484 | 518 |

| 指标 | SEM[1] | | | *P*-value | | |
|---|---|---|---|---|---|---|
| | T | Cr | T × Cr | T | Cr | T × Cr |
| 乳脂 | 0.07 | 0.08 | 0.10 | 0.03 | 0.06 | 0.21 |
| 乳蛋白 | 0.08 | 0.06 | 0.07 | <0.001 | 0.61 | 0.24 |
| 乳糖 | 0.06 | 0.05 | 0.08 | 0.52 | 0.47 | 0.58 |
| 总干物质 | 0.27 | 0.34 | 0.65 | 0.43 | 0.12 | 0.32 |
| 非脂固形物 | 0.19 | 0.21 | 0.22 | 0.62 | 0.63 | 0.79 |
| 总糖 | 0.09 | 0.10 | 0.12 | 0.32 | 0.67 | 0.19 |
| 乳 SCC，$10^3$ 个/mL | 148.2 | 121.5 | 146.2 | 0.10 | 0.82 | 0.95 |

注：a-c 表中同行肩标小写字母不同者表示差异显著（$P<0.05$）；

[1] THI（T），Cr 及其交互作用（T × Cr）的混合 SEM 值。

2011）。本研究中的中等热环境显著使乳蛋白含量减低了 11.14%，其原因可能是热应激导致了蛋白进食量降低，同时热应激引起的营养摄入不足会导致机体动用体内氨基酸合成葡萄糖从而影响乳蛋白含量（厉学武等，2009；张凡建等，2014）。在本研究中，随着热应激程度增加，乳蛋白反而有所升高，但具体机制还不清楚。

体细胞计数（SCC）是对乳汁中白细胞和脱落的上皮细胞等细胞浓度的测定，常被应用为乳房内感染的指示物（Caraviello 等，2005）。SCC>200 × $10^3$ 个/mL 经常反映了细菌的感染。有报道称，夏季的临床乳腺炎发病率和牛个体 SCC 都较其他季节增加（Olde Riekerink 等，2007）。本研究显示，虽然奶牛体细胞数的变化没有体现出统计学意义上的差异性，但高热环境下的高体细胞数奶牛数量明显增多。这与先前的结论相似。

### (五)热应激和铬添加对奶牛全血指标的影响

结果显示,THI 和铬添加对试验奶牛全血细胞计数没有交互作用($P>0.05$)(表 2-7)。与低热环境相比,中热($P=0.021$)和高热环境($P=0.008$)下的奶牛血液中白细胞(WBC)数量显著减少。其余细胞计数值,如红细胞平均体积(MCV)、平均红细胞血红蛋白含量(MCH)、红细胞比容(HCT)等都没有发现显著性差异。铬添加没有影响全血细胞计数。

**表 2-7　THI 和铬添加对试验奶牛全血指标的影响**

| 指标 | LTHI | | MTHI | | HTHI | |
|---|---|---|---|---|---|---|
| | $Cr^-$ | $Cr^+$ | $Cr^-$ | $Cr^+$ | $Cr^-$ | $Cr^+$ |
| WBC/($10^9$/L) | $20.86^{a}$ | $20.60^{a}$ | $9.40^{b}$ | $8.93^{b}$ | $9.00^{b}$ | $9.00^{b}$ |
| MCV/fL | 44.24 | 44.33 | 43.53 | 42.48 | 43.15 | 44.86 |
| MCH/pg | 13.34 | 13.32 | 13.83 | 13.35 | 13.67 | 13.70 |
| HCT/% | 32.41 | 31.01 | 29.82 | 30.24 | 29.10 | 31.24 |

| 指标 | SEM[1] | | | *P*-value | | |
|---|---|---|---|---|---|---|
| | T | Cr | T × Cr | T | Cr | T × Cr |
| WBC/($10^9$/L) | 1.00 | 0.91 | 1.42 | <0.001 | 0.85 | 0.98 |
| MCV/fL | 0.65 | 0.54 | 0.92 | 0.34 | 0.75 | 0.28 |
| MCH/pg | 0.19 | 0.16 | 0.26 | 0.48 | 0.50 | 0.55 |
| HCT/% | 0.75 | 0.36 | 0.88 | 0.45 | 0.62 | 0.76 |

注:a-b表中同行肩标小写字母不同者表示差异显著($P<0.05$);

[1] THI (T),Cr 及其交互作用 (T × Cr)的混合 SEM 值。

本研究表明,暴露于中热和高热状态下的奶牛具有较低的白细胞数。本结果与其他许多奶牛热应激研究结果一致(Beatty,2005;Zecchini 等,2003)。白细胞长期被认为是急性炎症反应的最终效应细胞,在清除外源性感染方面发挥着主要作用。然而,最新研究结果表明,白细胞在固有和获得性免疫中发挥着重要的效应因子和调控因子的作用(Mantovani 等,2011;Nathan,2006)。本实验结果说明,热应激抑制了奶牛的免疫反应。

### (六)热应激和铬添加对奶牛生化指标的影响

结果显示,THI 和铬添加对血清中糖、尿素氮和肌酐的浓度的影响没有交互作用($P>0.05$)(表 2-8)。中热和高热环境中的血糖浓度要显著低于低热环境中的浓度($P<0.001$),而肌酐和尿素氮的浓度要显著高于低热环境中的浓度($P<0.001$)。铬添加没有影响血清中血糖、尿素氮和肌酐的浓度。

THI 和铬添加对血清中胆固醇的影响具有交互作用($P=0.004$)(表2-8)。在高热环境中日粮中添加铬的奶牛比不添加铬的奶牛具有较低的胆固醇浓度($P=0.009$)。而这种情况没有出现在低热和中热环境中。

**表 2-8　THI 和铬添加对试验奶牛血糖、血清尿素氮、肌酐和胆固醇含量的影响**

| 指标 | LTHI | | MTHI | | HTHI | |
|---|---|---|---|---|---|---|
| | $Cr^{-}$ | $Cr^{+}$ | $Cr^{-}$ | $Cr^{+}$ | $Cr^{-}$ | $Cr^{+}$ |
| 葡萄糖/(mmol/L) | $3.61^{a}$ | $3.61^{a}$ | $3.25^{b}$ | $3.12^{b}$ | $2.97^{b}$ | $3.17^{b}$ |
| 尿素氮/(μmol/L) | $4.19^{b}$ | $4.18^{b}$ | $7.45^{a}$ | $8.03^{a}$ | $7.08^{a}$ | $6.71^{a}$ |
| 肌酐/(μmol/L) | $17^{b}$ | $15^{b}$ | $132^{a}$ | $136^{a}$ | $127^{a}$ | $121^{a}$ |
| 胆固醇/(mmol/L) | $5.33^{bc}$ | $5.39^{bc}$ | $5.37^{bc}$ | $6.55^{a}$ | $6.19^{ab}$ | $4.51^{c}$ |

| 指标 | SEM[1] | | | *P*-value | | |
|---|---|---|---|---|---|---|
| | T | Cr | T × Cr | T | Cr | T × Cr |
| 葡萄糖/(mmol/L) | 0.06 | 0.05 | 0.08 | <0.001 | 0.73 | 0.13 |
| 尿素氮/(μmol/L) | 0.18 | 0.16 | 0.27 | <0.001 | 0.77 | 0.19 |
| 肌酐/(μmol/L) | 4.5 | 3.7 | 6.2 | <0.001 | 0.86 | 0.74 |
| 胆固醇/(mmol/L) | 0.29 | 0.24 | 0.42 | 0.22 | 0.68 | 0.004 |

注:a-b表中同行肩标小写字母不同者表示差异显著($P<0.05$);

[1] THI (T), Cr 及其交互作用 (T × Cr)的混合 SEM 值。

本研究中血糖随着热应激程度的升高而降低。炎热季节血糖水平降低可以通过能量摄入减少的不同因素得到解释,如干物质摄取量的减少、热调控的能量消耗增加,以及热对糖原异生的副作用、内分泌对炎热天气的适应性等。奶牛在炎热季节较低的血糖水平也由 Ronvhi(1999)等发现,他们同时发现肝脏功能的降低,血糖浓度的降低可以解释为糖原异生作用降低的副作用。同时发现炎热季节血浆胆固醇和维生素 A 水平的降低,提示可能也与肝脏合成功能降低有关。但本研究中的 ALT,AST,GGT 等指标没有显著变化,也没有发现血浆胆固醇水平的改变,表明热应激没有显著改变肝脏功能。先前研究表明,尽管热应激奶牛由于采食量降低和维持需要量增加处于能量负平衡状态,奶牛仍动员糖类而非体脂作为主要能量来源。本结论部分证实了一些研究人员的假设,即热应激奶牛动员糖类而非脂肪是自然选择机制,因为 NEFA 的 β 氧化过程比糖类代谢产生更多的热量(Wheelock 等,2010)。热应激奶牛的血清 BUN 和肌酐浓度显著升高,这与其他研究结果一致(Wheelock 等,2010;Shwartz 等,2009),这说明热应激导致了肌肉组织中蛋白质的动员(Kamiya 等,2006;Schneider 等,1988)。

### (七)热应激和铬添加对奶牛抗氧化指标和血清 HSP72 浓度

结果显示,THI 和铬添加对 T-AOC、SOD 活性以及血清 MDA 浓度的影响之间无交互作用($P>0.05$)(表 2-9)。不同热环境之间泌乳牛血清 T-AOC 没有显著差异性。与低热环境相比,中热和高热环境下奶牛血清中 SOD 活性有显著提高($P<0.001$),而血清 MDA 浓度却显著降低($P<0.001$),并且高热环境奶牛血清 MDA 浓度显著高于中热环境($P=0.008$)的浓度。铬添加没有对奶牛血清 T-AOC、SOD 活性以及 MDA 浓度产生显著影响。

**表 2-9　THI 和铬添加对泌乳奶牛血清 T-AOC、SOD 活性、MDA 和 HSP72 浓度的影响**

| 指标 | LTHI | | MTHI | | HTHI | |
|---|---|---|---|---|---|---|
| | $Cr^{-}$ | $Cr^{+}$ | $Cr^{-}$ | $Cr^{+}$ | $Cr^{-}$ | $Cr^{+}$ |
| T-AOC/(U/mL) | 5.25 | 5.54 | 5.08 | 4.42 | 4.37 | 4.64 |
| SOD/(U/mL) | $63^{b}$ | $68^{b}$ | $115^{a}$ | $112^{a}$ | $104^{a}$ | $107^{a}$ |
| MDA/(nmol/L) | $3.67^{a}$ | $3.41^{a}$ | $0.91^{c}$ | $1.68^{c}$ | $2.05^{b}$ | $2.14^{b}$ |
| HSP72/(μg/L) | $5.64^{bc}$ | $5.89^{b}$ | $4.82^{c}$ | $5.27^{bc}$ | $6.21^{b}$ | $11.68^{a}$ |

| 指标 | SEM[1] | | | *P*-value | | |
|---|---|---|---|---|---|---|
| | T | Cr | T × Cr | T | Cr | T × Cr |
| T-AOC/(U/mL) | 0.33 | 0.27 | 0.46 | 0.15 | 0.93 | 0.50 |
| SOD/(U/mL) | 2.2 | 1.8 | 3.1 | <0.001 | 0.85 | 0.40 |
| MDA/(nmol/L) | 0.10 | 0.08 | 0.14 | <0.001 | 0.08 | 0.45 |
| HSP72/(μg/L) | 0.28 | 0.23 | 0.40 | <0.001 | <0.001 | <0.001 |

注:a-b 表中同行肩标小写字母不同者表示差异显著($P<0.05$);

[1] THI (T), Cr 及其交互作用 (T × Cr)的混合 SEM 值。

对于日粮未添加铬的奶牛，高热环境中的奶牛血清中HSP72浓度仅显著高于中热环境奶牛（$P<0.001$），而对于日粮添加铬的奶牛，高热环境中的血清HSP72浓度比低热环境和高热环境下的都要高。高热环境中日粮添加铬能显著提高血清HSP72浓度（$P<0.001$），但这种情况未在中热或低热环境中发现。

总体上，内生性抗氧化物可以分为抗氧化酶和非酶抗氧化物（Rahman等，2006）。血清总抗氧化能力（T-AOC）反映了有机体真实的抗氧化能力（Suresh等，2009）。在本研究中，总抗氧化能力没有随热应激的改变而发生变化，可能是动物体自我平衡的结果。先前对泌乳中期奶牛热应激和氧化状态的研究得出了不同的结论。Harmon（1997）报道了奶牛在严重热应激条件下抗氧化活性显著降低。Trout（1998）发现短时间暴露于热环境对血浆脂溶性抗氧化物的影响不大。对围产期奶牛的研究发现，红细胞是一个比血浆更为敏感和适当的研究氧化应激的模型（Bernabucci等，2002）。不同结果之间的差异性可能与奶牛所处的热应激程度、暴露时间以及奶牛本身的生长阶段有关。我们发现热应激奶牛的SOD活性升高和血清MDA浓度降低。SOD是一种主要的抗氧化酶，被认为是抵抗氧化作用的第一道防线，能将过氧化物转化为过氧化氢（Palmer等，1987），而后，过氧化氢在另一种抗氧化酶谷胱甘肽过氧化物酶的作用下转化为水（Sackesen等，2008），同时谷胱甘肽被氧化。谷胱甘肽的氧化形式通过谷胱甘肽循环而被谷胱甘肽还原酶还原。我们的研究结果揭示了热应激奶牛可能通过刺激抗氧化酶减弱氧化应激，并维持总抗氧化能力。另外，MDA作为一种氧化应激的指示物（Molvarec等，2009），是自由基攻击生物膜上的多不饱和脂肪酸的产物（Kinnula等，1995）。在本研究中，中热环境和高热环境下的血清MDA浓度较低，说明氧化应激没有发展。但是，随着热应激程度由轻度到中度，血清MDA浓度升高，说明，高温诱导的氧化应激的发展可能与热应激程度和抗氧化防御机制的效率有关。

本研究中，铬添加显著降低了高热环境中奶牛的血清胆固醇水平，这与其他研究报告结果一致(Bunting 等,1994;Subiyatno 等,1996)。一项旨在揭示铬添加对脂肪组织的脂肪合成和分解作用的研究指出,铬添加增加了脂肪组织中脂肪的净合成,减少了净分解(McNamara 和 Valdez 等,2005)。热应激奶牛的能量代谢以低 NEFA 水平为特点(Rhoads 等,2009)。铬添加可能会通过降低体脂的动员来帮助热应激奶牛减少代谢热的产生。

基于先前的研究,铬添加在 2 型糖尿病中发挥着不同的作用,在高血糖情况下发挥着抗氧化功能,而在血糖正常情况下发挥着促氧化功能(Cheng 等,2004)。由此可见,铬的抗氧化作用与血糖水平密切相关。本研究结果显示,热应激降低了奶牛的血糖水平。铬的抗氧化功能可能通过葡萄糖/胰岛素系统来实现。铬添加的抗氧化机制还需要进一步深入研究。

热休克蛋白 72 传统上被认为是一种诱导型细胞内蛋白,正常情况下在细胞内表达量极低,当动物暴露于刺激如应激、感染等环境中时,HSP72 的细胞内表达量急剧升高。近年来有文献报道了 HSP 的细胞外释放,并广泛参与到动物的免疫和炎症反应中(Asea,2005)。有文献报道了 HSP72 蛋白存在于荷斯坦-Friesian 杂交奶牛的血浆中,奶牛的年龄和泌乳阶段影响了血浆中 HSP72 的浓度(Kristensen 等,2004)。本研究也发现了血清中 HSP72 的存在,尽管在血清中的浓度极低。血清中 HSP72 的浓度并没有随热应激程度的变化而发生显著性改变。值得一提的是,铬添加导致热应激奶牛血清中 HSP72 浓度极显著升高。但 HSP72 由细胞内到细胞外的释放机制还不清楚。许多文献指出肝脏可能是 HSP72 释放的主要器官(Febbraio 等,2002)。虽然组织或细胞坏死可能是 HSP72 释放的被动途径。但本研究中的 ALT,AST,GGT 等指标的变化表明热应激没有显著改变肝功,由此我们推断,肝脏的主动分泌和释放途径可能是血清中 HSP72 的重要来源。

### (八)小结

(1)每天每头 3.5 mg 的铬添加量没有明显改变泌乳中期奶牛的产奶量、乳成分和乳体细胞数。夏季热环境没有明显改变试验奶牛的产奶量,说明泌乳中期奶牛对热应激有一定的耐受力;热环境对乳成分的影响主要表现在乳脂率和乳蛋白水平,乳脂率随热应激程度升高呈下降趋势,而乳蛋白的变化呈现出奇特现象，即中热环境时乳蛋白水平降低，而高热环境的乳蛋白水平又有上升；热环境导致高体细胞数的奶牛数量明显增多，说明乳腺健康受到威胁。

（2）全血细胞计数和血液生化的数据显示，夏季热环境导致奶牛白细胞数显著降低，血糖、BUN 和血清肌酐水平显著升高，而血浆胆固醇、ALT、AST、GGT 水平没有显著变化。该结果表明，热应激抑制了奶牛免疫反应；肝脏功能没有因热应激而发生显著变化，因此血糖的升高不是由肝脏糖异生功能降低所致。血清 BUN 和肌酐浓度显著升高，提示热应激导致肌肉组织中蛋白质的动员。

（3）夏季热环境导致奶牛血清超氧化物歧化酶活性的升高和血清丙二醛浓度的降低，而总抗氧化能力没有显著变化，提示热应激奶牛可能首先通过增强抗氧化酶活性减弱氧化应激程度，维持机体总抗氧化能力。中热和高热环境下奶牛血清中丙二醛浓度较低，说明热应激没有引起氧化应激的发展。高温诱导的氧化应激的发展可能与热应激程度和抗氧化防御机制的效率有关。

（4）铬添加没有显著改变热应激泌乳奶牛的血糖水平和抗氧化能力，但使血清胆固醇水平显著降低，提示其对奶牛脂质代谢的调控。铬添加还导致血清中 HSP72 浓度显著升高。血清中显著升高的 HSP72 含量可能是来自肝脏的主动分泌和释放。

## 三、铬添加调控热应激奶牛炎性反应机制探讨

热应激条件下，奶牛对感染的易感率较高。热应激和牛免疫功能相关性的研究工作已经较早开展，但研究结果之间存在矛盾。Soper 等（1978）描述了荷斯坦-弗里斯牛在夏天时，其丝裂原刺激后淋巴细胞增殖活性增加。Kelley 等（1982a）对于犊牛的研究表明，热应激可以改变免疫反应，并且热应激诱导的免疫改变依赖于免疫反应的类型和犊牛暴露于刺激源的时间长短。在另外一项对犊牛的研究中，同一作者（Kelley 等，1982b）发现热应激对丝裂原刺激后淋巴细胞的增殖活性没有直接影响。有两个体外实验证实，牛淋巴细胞暴露于短期而严重的热休克下，能够降低对丝裂原的敏感性，并减少了细胞的数量（Kamwanja 等，1994）。Lacetera 等（2002）研究结果显示，奶牛 PBMC 增殖能力、初乳免疫球蛋白浓度和所生犊牛血清 IgG 水平在春、夏两季节之间没有

显著差异，表明中度热应激没有改变细胞免疫水平、初乳的保护能力以及后代的被动免疫水平。

有资料显示，夏季奶牛临床乳腺炎发病率较其他季节增加（Olde Riekerink 等，2007）。奶牛整体免疫水平与局部抗感染能力之间存在密切的关系。血细胞便于收集并可用来评价动物整体的氧化应激状态和抗氧化应激功能（Cases 等，2006），其中 PBMC 是反映动物机体全身氧化应激状态的良好指示物（Aslan 等，2006）。乳体细胞是指每毫升牛奶中体细胞的含量。当乳腺感染后，血液中的大量白细胞移行至乳腺组织。同时，受侵袭乳腺腺泡上皮组织也会发生病变，导致上皮细胞脱落增多，从而使乳汁中体细胞数增多。乳体细胞数是乳腺健康状况的良好指示物。

尽管铬添加的抗炎性作用已经得到广泛报道，但铬添加与奶牛抗炎反应的相关性方面还鲜有报道。本课题上述研究已经证实，铬添加导致血清中 HSP72 水平极显著增加，而胞外 HSP72 又与炎性细胞因子的调控密切相关。HSP72 能抑制炎症介质（如 TNF-α、NF-κB 等）的生成，阻止应激状态下炎症介质的发展（Gehrig 等，2012；Wendling 等，2000）。我们假设，HSP72 表达量的变化可能与抗炎症反应有关。

本部分探讨了热应激对奶牛炎症细胞因子产生的影响，并初步揭示其作用原理，以及铬添加调控奶牛炎症因子的作用机制。

### （一）检测方法

1. 主要试剂和设备

（1）主要试剂

ELISA 相关试剂：牛 TNF-α 酶联免疫分析试剂盒（R&D systems，美国）；牛 IL-10 酶联免疫分析试剂盒（RapidBio Lab，美国）；

蛋白提取相关试剂：RIPA Buffer（Sigma 公司，美国）；PMSF（Sigma 公司，美国）；Protease Inhibitor Cocktail（Sigma 公司，美国）；6× Loading Buffer（TAKARA 公司）；

Western Blot 试剂：6× Loading Buffer（TAKARA 公司）；PVDF 膜（Millipore 公司，美国）；ECL 发光液（索莱宝公司）；X 光片（柯达）。一抗：Mouse anti-human HSP72(Abcam,Cambridge,UK); Rabbit anti-human inhibitor of nuclear factor kappa B alpha(IκBα)(Abcam,Cambridge,UK);抗 GAPDH 鼠单克隆抗体(康为世纪)。二抗:Peroxidase-conjugated affinipure goat anti-mouse immunoglobulin G (IgG) (ProteinTech Grop, Inc. , Chicago, IL); Goat anti-rabbit IgG HRP affinity purified pAb (R&D Systems, Minneapolis,MN);

其他试剂:Ficoll-Hypaque 牛淋巴细胞分离液(Sigma 公司,美国);Brandford 考马斯亮蓝蛋白浓度测定试剂(北京艾德莱生物科技有限公司);红细胞裂解液(Sigma 公司,美国);Trizol(Invitrogen 公司,美国);台盼蓝染液(Sigma 公司,美国)。

(2)主要仪器设备

酶标仪 Model 680 (BIO-RAD 公司,美国);Alpha Imager 2000 紫外凝胶成像仪(Alpha Innotech 公司,美国);SDS-PAGE 电泳仪(BIO-RAD 公司,美国)。

2. 测定方法

(1)血清中 TNF-α 和 IL-10 浓度的测定

双抗体夹心法测定血清中牛 TNF-α 和 IL-10 的浓度,具体步骤参照试剂盒说明书。

(2)PBMC 的提取

- 用 PBS 1∶1稀释采集的抗凝血。
- 于 15 mL 离心管中用移液枪吸取 6.5 mL 的牛淋巴细胞分离液。
- 在距离分离液面上 1 cm 处,小心地沿试管壁徐徐加入 6.5 mL 稀释后的血液,使稀释后的血液重叠于分离液面之上。
- 18℃,2 000 r/min 离心 20 min。
- 离心后 PBMC 密集在血浆层和分层液的界面中,呈白膜状,用 1 mL 移液枪的枪头轻插到白膜层,沿试管壁周缘吸出界面层细胞(PBMC),移入另一离心管中。
- 加入 5 倍以上体积的 PBS 充分混合均匀。
- 4℃ 1 000 r/min 离心 10 min,吸弃去上清液,重复加 PBS 和离心的步骤,清洗 3 遍。
- 淋巴细胞计数,RPMI 1640 完全培养液调整细胞浓度。

- 0.1%台盼蓝染色计数，要求活细胞在95%以上。

(3)乳体细胞的分离

- 无菌采集的乳样与等体积4℃无菌PBS(pH＝7.4)混合，于4℃ 1 000$g$的条件下离心20 min，弃去脂肪层和上层液；
- 取其沉淀用PBS悬浮，经400 $g$，4℃离心10 min，弃上清液，再用PBS悬浮，重复此操作2～3次；

(4)蛋白的提取和浓度测定

① 蛋白的提取

- 将提取的细胞(PBMC或乳体细胞，浓度为$1.5\times10^7$个/mL)移至离心管中，于2 500$g$离心5 min；
- 将处理的细胞弃上清液，每管加入5 mL PBS，枪轻轻吹打洗涤，重复洗涤2次。
- 每管细胞加入400 μL RIPA细胞裂解液(含PMSF，cocktail)，用枪反复吹打。
- 冰浴环境下裂解10 min，裂解过程中也可置于漩涡震荡仪震荡数次。
- 4℃ 13 000$g$离心15 min。
- 取上清，测量样品的蛋白浓度。
- 取部分上清，加入蛋白上样缓冲溶液6×loading buffer，配成终浓度为1×loading buffer的样品溶液，煮沸5 min，蛋白样品分装后于－80℃保存。

②蛋白含量的测定

- 完全溶解蛋白标准品(5 mg/mL BSA)，取10 μL稀释至100 μL，调节蛋白终浓度为0.5 mg/mL。
- 将稀释后标准品(0.5 mg/mL BSA)按0，1，2，4，8，12，16，20 μL分别加到96孔板中，加标准品稀释液将所有标准品补足到20 μL。
- 加适当体积样品到96孔板的样品孔中，加标准品稀释液到20 μL。
- 各孔加入200 μL Bradford染色液，轻轻用加样枪吹打均匀(注意不要弄出气泡影响读数)室温放置3～5 min。
- 用酶标仪测定A595，或570～610 nm之间的其他波长的吸光度。根据标准曲线计算出样品中的蛋白浓度。

(5)聚丙烯酰胺凝胶的制备

①分离胶:如表 2-10 所示,混匀各成分制备分离胶后,迅速将丙烯酰胺分离胶溶液用枪混合均匀。用移液枪将混合液灌至两玻璃板的空隙中,注意灌注量。加入分离胶后,小心地用吸管在分离胶溶液上加入适量的水饱和的正丁醇,将凝胶于室温静置约 40 min,待其凝固后,倒掉正丁醇,用滤纸吸净残留的液体。

②5%浓缩胶:将配制好的浓缩胶溶液快速灌至聚合好的分离胶上,灌满后插入梳子,注意插梳子时应注意倾斜缓慢插入,避免混入气泡。将凝胶静置于室温下约 1 h 待其凝固方可使用。浓缩胶聚合完成后,将凝胶固定在电泳装置上,在电泳槽及胶板之间中加入 Tris-甘氨酸电泳缓冲液。小心拔掉梳子,去除凝胶上样孔之间的残胶。

**表 2-10 SDS-PAGE 聚丙烯酰胺凝胶**

| 制胶组分 | 12% 分离胶(10 mL) | 5% 浓缩胶(5 mL) |
|---|---|---|
| 超纯水 | 3.3 mL | 3.4 mL |
| 40% Acr/Bic(37.5:1) | 4.0 mL | 830 μL |
| 1.5 mol/L Tris · HCl(pH8.8) | 2.5 mL | — |
| 0.5 mol/L Tris · HCl(pH6.8) | — | 630 μL |
| 10% SDS | 100 μL | 50 μL |
| 10% AP(过硫酸铵) | 100 μL | 50 μL |
| TEMED | 4 μL | 5 μL |

(6)Western blot

①蛋白上样　调节样品浓度一致,在加样孔中加入一定体积样品(测 PBMC中 HSP72 及 GAPDH 时用 20 μL;测乳体细胞中 HSP72 及 GAPDH 时用 40 μL;测 PBMC 中 IκBα 和 GAPDH 时用 30 μL),边缘孔加入等体积 1× 蛋白上样缓冲液。

②SDS-PAGE 电泳　连接电泳装置,调节至 80 V 电压进行电泳,待蛋白进入浓缩胶和分离胶交界后将电压提高到 120 V,至溴酚蓝到达分离胶的底部(约 100 min)后停止电泳,关闭电源。从电泳装置上卸下玻璃板,小心撬开

玻璃板，切除浓缩胶和没上样的凝胶。

③转膜　根据凝胶的面积剪取合适大小的 PVDF 膜，铅笔在膜的顶端做标记区分正反。膜用甲醇浸湿 40 s 活化后转入 1× 转膜缓冲液中平衡，浸润至少 20 min。按照正确的顺序组装转膜夹板后插入转膜槽，加入 1× 转膜缓冲溶液，在冰水浴环境下，100 V 恒压转膜 60 min。

④目的蛋白免疫反应

- 封闭：使用 5%脱脂奶粉 PBST 封闭液封闭 50 min。
- 洗膜：将膜正面朝上移至装有 PBST 的盒子中，摇床洗 10 min，洗涤 3 次。
- 一抗孵育：含 3%脱脂奶粉的 PBST 缓冲液稀释一抗体至合适浓度，将抗体稀释液和膜加入杂交袋内，于 37℃ 温箱，膜正面朝上封闭过夜。
- 洗膜：将膜正面朝上移至装有 PBST 的盒子中，摇床洗 10 min，洗涤 3 次。
- 二抗孵育：含 3%脱脂奶粉的 PBST 缓冲液稀释二抗体至合适浓度，将抗体稀释液和膜加入杂交袋内，于 37℃ 温箱，膜正面朝上静置 50 min。
- 洗膜：将膜正面朝上移至装有 PBST 的盒子中，摇床洗 10 min，洗涤 3 次。

⑤ 化学发光，显影和定影

- 将 ECL 发光液的 A 液和 B 液按 1:1 混合均匀，滴至塑料薄膜的一个点上，镊子夹起膜后控下水，一角先接触发光液、再将膜整张贴下（正面朝下），注意避免产生气泡，孵育 2 min；将膜夹起，正面朝上贴在垫板上，覆上保鲜膜，保证膜的平整，避免产生气泡，迅速包好，将板子放入暗盒。
- 暗室中，将胶片加入暗盒，盖紧，并将暗盒反扣放置，曝光一定时间。
- 暗室中取出胶片，放入洗片机，待其出片，开灯，分析结果。

⑥ 凝胶图像分析　将 X 光片放置于凝胶成像系统中，调整光的强度、明暗度，分析条带的均匀性及内参是否相近，筛选出合适的片子，拍照保存图片。条带的密度采用 Quantity One 软件（Bio-Rad Laboratories）中的定量分析程序进行量化。

3. 数据统计学处理

采用 SAS 软件(SAS Inst. Inc.)中的混合模型程序对原始数据进行方差分析。统计分析包括 THI(LTHI、MTHI 和 HTHI)、铬添加($Cr^-$ 和 $Cr^+$)的固定效应,以及 THI 和铬添加的交互作用。由于 PBMC 中 HSP72 和 IκBα 蛋白表达的数据分析只针对高热环境中的铬添加因素进行比较,因此采用的是 SAS 的 GLM 模型进行分析。所有数据的分析以 $P<0.05$ 为差异具有统计学意义。

## (二)热应激和铬添加对奶牛血清细胞因子浓度的影响

THI 和铬添加对泌乳奶牛血清中 TNF-α 浓度的影响没有交互作用($P>0.05$)(表 2-11)。与低热和中热环境相比,高热环境下的奶牛血清 TNF-α 浓度显著升高($P<0.001$)。铬添加没有对血清 TNF-α 浓度造成显著影响。然而,THI 和铬添加对奶牛血清中 IL-10 浓度的影响存在交互作用($P<0.001$)。在不考虑铬添加与否的情况下,血清 IL-10 浓度随热程度的升高而逐步增加($P<0.05$)。在高热环境中,日粮中添加铬能显著提高血清 IL-10 浓度($P<0.001$),然而在中热和低热环境下未发现上述情况。

**表 2-11 THI 和铬添加对试验奶牛血清 TNF-α和 IL-10 浓度的影响**

| 指标 | LTHI | | MTHI | | HTHI | |
|---|---|---|---|---|---|---|
| | $Cr^-$ | $Cr^+$ | $Cr^-$ | $Cr^+$ | $Cr^-$ | $Cr^+$ |
| TNF-α/(ng/L) | $291^{b}$ | $277^{b}$ | $260^{b}$ | $257^{b}$ | $410^{a}$ | $409^{a}$ |
| IL-10/(ng/L) | $75^{d}$ | $76^{d}$ | $109^{c}$ | $110^{c}$ | $142^{b}$ | $217^{a}$ |

| 指标 | SEM[1] | | | *P*-value | | |
|---|---|---|---|---|---|---|
| | T | Cr | T × Cr | T | Cr | T × Cr |
| TNF-α/(ng/L) | 9.2 | 7.5 | 13.0 | <0.001 | 0.58 | 0.85 |
| IL-10/(ng/L) | 7.1 | 5.8 | 10.1 | <0.001 | 0.003 | <0.001 |

注:$^{a-d}$表中同行肩标小写字母不同者表示差异显著($P<0.05$);

[1]THI (T), Cr 及其交互作用 (T × Cr)的混合 SEM 值。

值得注意的是,尽管中热和高热环境下奶牛的氧化应激没有发展,但高热环境下奶牛的血清中促炎细胞因子和抗炎细胞因子的浓度增加。由此我们可以推测,高热环境下的炎性反应的发生可能不是由氧化应激导致的。

### (三)热应激奶牛 PBMC 中 HSP72 和 IκBα 蛋白的表达

PBMC 中 HSP72 和 IκBα 蛋白的表达的情况通过 western blot 方法进行分析检测。结果显示,高热环境下所有奶牛的 PBMC 中均表达丰富的 HSP72 蛋白,铬的添加没有对 HSP72 蛋白的表达量造成显著影响。同时,铬添加能显著提高 PBMC 中 IκBα 蛋白的表达水平($P=0.038$)(图 2-7)

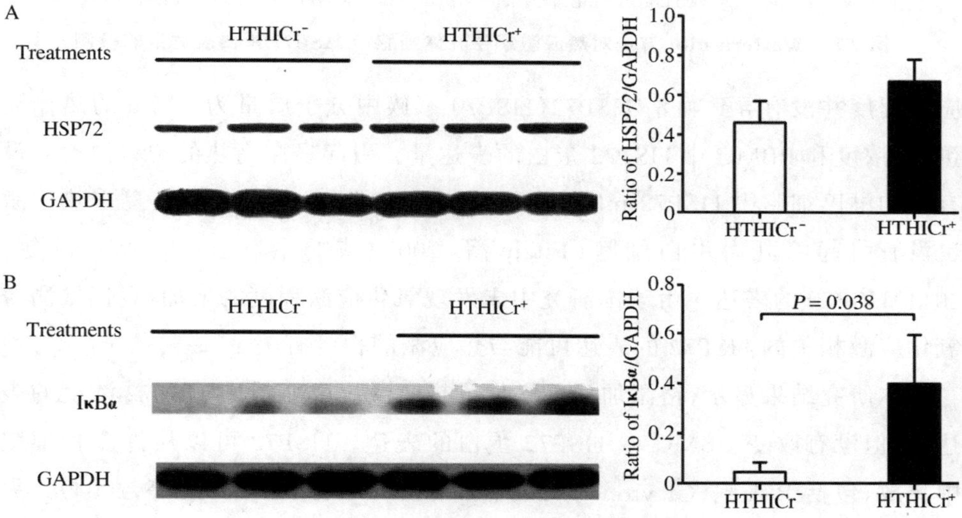


注:PBMC 分别分离自 HTHICr⁻ 组和 HTHICr⁺ 组,GAPDH 作为每个样本的内参。

**图 2-7 Western blot 方法对奶牛 PBMC 中 HSP72(A)和 IκBα(B)蛋白表达量的检测**

### (四)乳体细胞中 HSP72 表达情况

Western blot 结果显示,高热环境下奶牛乳体细胞中 HSP72 的表达量显著高于低体细胞数的乳体细胞表达量(图 2-8)。

### (五)讨论

HSP70 的产生可能受到氧化应激和抗氧化物的调控(Calabrese 等,2000),HSP70 表达量的减少可能会增加 ROS 的产生和线粒体蛋白的氧化(Yan 等,2002)。热休克蛋白可能通过增加谷胱甘肽过氧化物酶和谷胱甘肽还原酶的活性来减少 ROS 的聚集(Guo 等,2007)。在我们的研究中,不同热

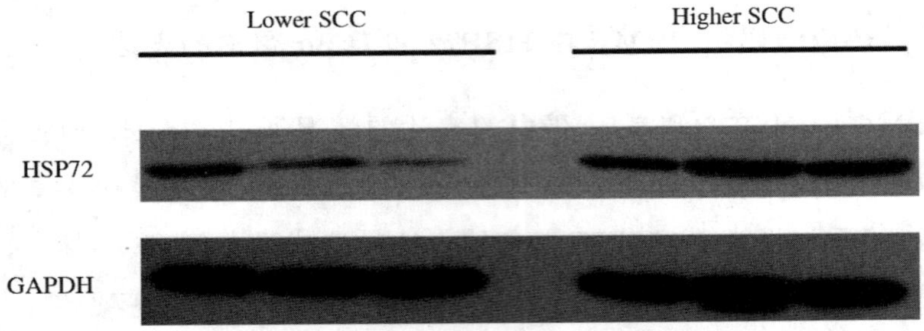


注：lower SCC(SCC<200 000 个/mL)；higher SCC (SCC>200 000 个/mL)；GAPDH 为内参。

**图 2-8　Western blot 方法对热应激奶牛乳体细胞中 HSP72 蛋白表达量的检测**

应激程度并没有导致血清 HSP72(HSP70 家族中分子质量为 72 ku 的热休克蛋白)浓度和 PBMC 中 HSP72 蛋白的表达量。引起轻微高热的孵育温度并没有影响淋巴细胞中 HSP72 mRNA 的表达量(Lacetera 等，2006)。夏季热应激也没有引起泌乳肉牛白细胞(Eitam 等，2009)或奶牛肝脏(do Amaral 等，2011)HSP70 的表达。由于本研究中未发现氧化应激程度的增加，我们推测与氧化应激相关的 HSP72 的表达可能与热应激的程度有关。

本研究结果显示，铬添加显著增加了热应激奶牛血清中 HSP72 浓度的表达量，但没有改变 PBMC 中 HSP72 蛋白的表达。HSP72 可以从许多种细胞中释放，包括 B 细胞(Clayton 等，2005)和 PBMC(Hunter-Lavin 等，2004)。另外，运动诱导了人体血清中 HSP72 的释放，而其释放途径很有可能来自肝脏的分泌排出(Febbraio 等，2002)。基于这些数据，我们推测铬添加导致热应激奶牛血清中 HSP72 的增加来自肝脏的分泌。

有意思的是，铬添加还提高了热应激奶牛血清中 IL-10 水平而没有改变 TNF-α 水平。同时，铬添加的热应激奶牛的 PBMC 中 IκBα 蛋白的表达量显著增加。有报道称，日粮添加铬的围产期奶牛的血清具有免疫调节功能(Burton 等，1995)。日粮添加铬的奶牛的 PBMC 经体外 ConA 刺激后，急性期蛋白浓度较低，包括 IL-2，IFN-γ 和 TNF-α(Burton 等，1996)。NF-κB 是免疫和炎症反应中调控许多基因的重要的转录因子，正常状态下与 IκBα 结合，以非活性复合体的形式存在于胞浆内。不同的刺激可以导致 IκBα 快速磷酸化，进而与 NF-κB 解离，并降解。NF-κB 的 p65 和 p50 亚单位快速转移入细胞核，并激活相关炎性细胞因子的表达(Karin 等，2005)。大多数炎症基因的表达需要 NF-κB 途径的激活。NF-κB 途径的非活化在热休克介导的促炎症细胞因子的抑制表达中发挥着主要作用。根据结果我们推测铬添加可能抑制了 IκBα 蛋白的降解，从而调控促炎症细胞因子的表达。

有报道称，泌乳肉牛的乳体细胞中有 HSP72 的表达（Eitam 等，2009）。本研究结果说明 HSP72 可能由奶牛乳体细胞产生，高体细胞数的奶牛的乳体细胞中 HSP72 的表达要高于低体细胞数奶牛。由于热应激期间 PBMC 中 HSP72 的表达没有变化，我们假设乳体细胞中 HSP72 表达量的增加可能主要由乳腺上皮细胞产生的，HSP72 的产生可能与抗炎症反应有关。

### （六）小结

尽管中热和高热环境下奶牛血清中丙二醛浓度较低，但高热环境下奶牛血清 TNF-α 和 IL-10 水平显著增加，提示高热导致的奶牛炎症反应可能不是氧化应激的结果。Western blot 分析表明，热环境没有显著改变 PBMC 中 HSP72 的表达，而高体细胞数奶牛的乳体细胞 HSP72 的表达量显著高于低体细胞数奶牛，由此我们推断乳体细胞 HSP72 表达量的增加主要由乳腺上皮细胞产生，HSP72 的产生可能与局部抗炎反应有关。

铬添加导致血清 HSP72、IL-10 水平的显著升高，而 TNF-α 水平没有显著变化。Western blot 分析显示，铬添加增加了高热环境下奶牛 PBMC 中 IκBα 蛋白的表达量，但对 PBMC 中 HSP72 蛋白的表达未有影响。上述结果表明，铬表现出一定的抗炎效用，其机制可能促进肝脏 HSP72 的分泌，抑制 IκBα 的降解，进而调控促炎因子的表达。

## 参考文献

［1］敖日格乐，王纯洁，吕晓伟，等．2008．热应激对荷斯坦奶牛血清酶活力及其行为的影响［J］．畜牧与兽医，40(9)：42-44．

［2］戴晋军，周晓辉，蔡学敏．2010．酵母降低奶牛热应激的试验［J］．饲料研究，9：29-30．

［3］赖登明，夏东，李如治．1997．红细胞钾含量对奶牛耐热性的影响［J］．中国奶牛，2：15-16．

[4] 李秋凤,李建国,韩永利. 2003. 日粮阴阳离子平衡与奶牛热应激的研究进展[J]. 饲料工业，23(10):12-15.

[5] 李如治. 2003. 家畜环境卫生学[M].3 版. 北京:中国农业出版社:42-43.

[6] 李新建,高腾云,常智留,等. 2006. 烟酸和烟酸铬对热应激奶牛产奶性能和血液激素水平的影响[J]. 华中农业大学学报,25(4):411-415.

[7] 厉学武,吕娟,王利华,等. 2009. 乳蛋白影响因素及营养调控的研究技术[J]. 饲料工业，30(15):10-13.

[8] 梁学武,杨毅,刘庆华,等. 2009. 奶牛 HSP70 表达量与温湿指数的相关性研究[J]. 中国农学通报,25(23):27-30.

[9] 穆玉云,李如治,黄昌澎. 1993. 乳牛耐热性指标的检测[J]. 安徽农业大学学报,20(1):66-71.

[10] 施正香,王朝元,许云丽,等. 2011. 奶牛夏季热环境控制技术研究与应用进展[J]. 中国畜牧杂志，47(1):41-46.

[11] 史彬林,闻素梅. 1996. 奶牛耐热性评定指标的研究[J]. 中国奶牛,2:20-22.

[12] 王加启. 2011. 牛奶乳脂肪和乳蛋白的合成与调控机理[J]. 饲料与畜牧,2:8-14.

[13] 王加启,王建平. 2010. 减缓奶牛热应激的技术[J]. 中国乳业,6:40.

[14] 夏东,杨淑晶,刘铁铮. 2009. 季节性变化对荷斯坦奶牛红细胞钾含量及红细胞膜钠钾 ATPase 活性的影响[J]. 家畜生态学报，30(2):55-58.

[15] 小山彼得. 2009. 利用营养方案解决奶牛热应激问题[J]. 中国乳业，7:63-64.

[16] 杨耐德,黄晓亮,高振华,等. 2010. 烟酸对热应激奶牛营养物质表观消化率及血清生化指标的影响[J]. 中国饲料，12:20-23.

[17] 杨圣,Laumonier T,Menetrey J. 2007. 热休克预处理提高猪成肌细胞自体正常肌肉移植后的生存率[J]. 中国科学(C 辑)生命科学，37(3):271-279.

[18] 张凡建,关文怡,岳圆,等. 2012a. 物理性降温措施缓解奶牛热应激的研究进展[J]. 中国畜牧兽医，39(6):236-239.

[19] 张凡建,王九峰,侯引绪,等. 2012. 奶牛热应激评价指标研究进展[J]. 中国兽医杂志，48(2):62-64.

[20] 张凡建,徐聪,翁晓刚,等. 2014. 不同程度热应激对泌乳中期奶牛产奶量和乳成分的影响[J]. 中国兽医学报,34(10):1686-1688.

[21] 张凡建，岳圆，侯引绪，等. 2012b. 缓解夏季奶牛热应激的综合措施[J]. 中国兽医杂志，48(11):77-79.

[22] 张继红，张佩华，贺建华. 2006. 缓解奶牛热应激的营养调控措施[J]. 中国奶牛，11:14-17.

[23] Abeni F, Calamari L, Stefanini L. 2007. Metabolic conditions of lactating Friesian cows during the hot season in the Po valley. 1. Blood indicators of heat stress[J]. International Journal of Biometeorology, 52:87-96.

[24] Accorsi P A, Pacioni B, Pezzi C, et al. 2002. Role of prolactin, growth hormone and insulin-like growth factor 1 in mammary gland involution in the dairy cow[J]. Journal of Dairy Science, 85:507-513.

[25] Adin G, Gelman A, Solomon R, et al. 2009. Effects of cooling dry cows under heat load conditions on mammary gland enzymatic activity, intake of food water, and performance during the dry period and after parturition[J]. Livestock Science, 124:189-195.

[26] Aitken S L, Karchier E L, Rezamand P, *et al*. 2009. Evaluation of antioxidant and proinflammatory gene expression in bovine mammary tissue during the periparturient period[J]. Journal of Dairy Science, 92:589-598.

[27] Albano E. 2006. Alcohol, oxidative stress and free radical damage [J]. Proceedings of The Nutrition Society, 65:278-290.

[28] Al-Katanani Y M, Paula-Lopes F F, Hansen P J. 2002. Effect of season and exposure to heat stress on oocyte competence in Holstein cows[J]. Journal of Dairy Science, 85:390-396.

[29] Anderson R A. 1997. Nutritional factors influencing the glucose/insulin system: chromium[J]. Journal of the American College of Nutrition, 16:404-410.

[30] Armstrong D V. 1994. Heat stress interaction with shade and cooling[J]. Journal of Dairy Science, 77:2044-2050.

[31] Asea A, Kraeft S K, Kurt-Jones E A, et al. 2000. HSP70 stimulates cytokine production through a CD14-dependant pathway, demonstrating its dual role as a chaperone and cytokine[J]. Nature Medicine, 6:435-442.

[32] Asea A, Rehli M, Kabingu E, et al. 2002. Novel signal transduction pathway

utilized by extracellular HSP70: role of toll-like receptor (TLR) 2 and TLR4 [J]. Journal of Biological Chemistry, 277:15028-15034.

[33] Asea A. 2005. Stress proteins and initiation of immune response: chaperokine activity of hsp72[J]. Exercise Immunology Review, 11:34-45.

[34] Aslan M, Roroz M, Kocyigit A, et al. 2006. Lymphocyte DNA damage and oxidative stress in patients with iron deficiency anemia[J]. Mutation Research, 601:144-149.

[35] Baeta F C, Meador N F, Shanklin M D. 1987. Equivalent temperature index at temperatures above the thermoneutral for lactating dairy cows. Paper presented at the Meeting of the American Society of Agricultural Engineers, Baltimore: 4015.

[36] Beatty D T. 2005. Prolonged and continuous heat stress in cattle: physiology, welfare, and electrolyte and nutritional interventions[D]. Western Australia: Murdoch University .

[37] Berman A. 2008. Increasing heat stress relief produced by coupled coat wetting and forced ventilation[J]. Journal of Dairy Science, 91:4571-4578.

[38] Berman A. 2009. Predicted limits for evaporative cooling in heat stress relief of cattle in warm conditions[J]. Journal of Animal Science, 87:3413-3417.

[39] Bernabucci U, Basirico L, Morera P, et al. 2015. Effect of summer season on milk protein fractions in Holstein cows[J]. Journal of Dairy Science, 98:1815-1827.

[40] Bernabucci U, Lacetera N, Baumgard L H, et al. 2010. Metabolic and hormonal acclimation to heat stress in domesticated ruminants[J]. Animal, 4: 1167-1183.

[41] Bernabucci U, Ronchi B, Lacetera N, et al. 2002. Markers of oxidative status in plasma and erythrocytes of transition dairy cows during hot season [J]. Journal of Dairy Science, 85:2173-2179.

[42] Bowen S, Washburn KW. 1985. Thyroid and adrenal response to heat stress in chickens and quail differing in heat tolerance[J]. Poultry Science, 64: 149-154.

[43] Brown-Brandl T M, Nienaber J A, Eichen P A. 2003. Thermoregulatory

responses of feeder cattle[J]. Journal of Thermal Biology, 28:149-157.

[44] Bryan M A, Socha M T, Tomlinson D J. 2004. Supplementing intensively grazed late-gestation and early-lactation dairy cattle with chromium[J]. Journal of Dairy Science, 87:4269-4277.

[45] Bunting L D, Fernandez J M, Thompson D L, et al. 1994. Influence of chromium picolinate on glucose usage and metabolic criteria in growing Holstein calves[J]. Journal of Animal Science, 72:1591-1599.

[46] Burton J L, Nonnnecke B J, Dubeski P L, et al. 1996. Effects of supplemental chromium on production of cytokines by mitogen-stimulated bovine peripheral blood mononuclear cells[J]. Journal of Dairy Science, 79:2237-2246.

[47] Burton J L, Nonnnecke B J, Elsasser T H, et al. 1995. Immunomodulatory activity of blood serum from chromium-supplemented periparturient dairy cows Vet Immunol Immunopathol, 49:29-38.

[48] Byatt J C, Sorbet R H, Eppard P J, et al. 1997. The effect of recombinant bovine placental lactogen on induced lactation in dairy heifers[J]. Journal of Dairy Science,80:496-503.

[49] Calabrese V, Copani A, Testa D, et al. 2000. Nitric oxide synthase induction in astroglial cell cultures: effect on heat shock protein 70 synthesis and oxidant/antioxidant balance[J]. Journal of Neuroscience Research, 60:613-622.

[50] Calamari L, Abeni F, Calegari F, et al. 2007. Metabolic conditions of lactating Friesian cows during the hot season in the Po valley. 2. Blood minerals and acid-base chemistry[J]. International Journal of Biometeorology, 52:97-107.

[51] Calamari L, Maianti M G, Amendola F, et al. 1999. On some aspects of the oxidative status and on antioxidants in blood of dairy cows during summer. In: Proc. 13th Associazione Scientifica Produzioni Animali Congress, Piacenza, Italy, 449-451.

[52] Caraviello D Z, Weigel K A, Shook G E, et al. 2005. Assessment of the impact of somatic cell count on functional longevity in Holstein and Jersey cattle using survival analysis methodology[J]. Journal of Dairy Science, 88: 804-811.

[53] Cases N, Sureda A, Maestre I, et al. 2006. Response of antioxidant defences to

oxidative stress induced by prolonged exercise: antioxidant enzyme gene expression in lymphocytes[J]. European Journal of Applied Physiology, 98: 263-269.

[54] Chaiyabutr N. 2012. Control of mammary function during lactation in crossbred dairy cattle in the tropics. Pages 127-154 in Milk Production-Advanced Genetic Traits, Cellular Mechanism, Animal Management and Health. N. Chaiyabutr, ed. InTech.

[55] Cheng H H, Lai M H., Hou W C, et al. 2004. Antioxidant effects of chromium supplementation with type 2 diabetes mellitus and euglycemic subjects[J]. Journal of Food Agriculture and Environment, 52:1385-1389.

[56] Chiu H Y, Tsao L Y, Yang R C. 2009. Heat-shock response protects peripheral blood mononuclear cells (PBMC) from hydrogen peroxide-induced mitochondrial disturbance[J]. Cell Stress Chaperones, 14:207-217.

[57] Choi S, Park K A, Lee H J, et al. 2005. Expression of Cu/Zn SOD protein is suppressed in hsp 70. 1 knockout mice[J]. Journal of Biochemistry and Molecular Biology, 38:111-114.

[58] Clayton A, Turkes A, Navabi H, et al. 2005. Induction of heat shock proteins in B-cell exosomes[J]. Journal of Cell Science, 118:3631-3638.

[59] Collier R J, Doelger S G, Head H H, et al. 1982. Effects of heat stress during pregnancy on maternal hormone concentrations, calf birth weight and postpartum milk yield of Holstein cows[J]. Journal of Animal Science, 54: 309-319.

[60] Collier R J, Stiening C M, Pollard B C, et al. 2006. Use of gene expression microarrays for evaluating environmental stress tolerance at the cellular level in cattle[J]. Journal of Animal Science 84(Suppl.):E1-E13.

[61] Cossel S E, Field M E, Skrzypek M V. 2009. Effects of heat stress on ghrelin secretion in lactating dairy cattle[J]. Journal of Dairy Science, 92(E-Suppl 1): 72.

[62] Cowley F C, Barber D G, Houlihan A V, et al. 2015. Immediate and residual effects of heat stress and restricted intake on milk protein and casein composition and energy metabolism[J]. Journal of Dairy Science, 98: 2356-

2368.

[63] Crowe M A, Williams E J. 2012. Triennial Lactation Symposium: Effects of stress on postpartum reproduction in dairy cows[J]. Journal of Animal Science, 90:1722-1727.

[64] Ding X Z, Tsokos G C, Kiang J G. 1998. Overexpression of HSP-70 inhibits the phosphorylation of HSF1 by activating protein phosphatase and inhibiting protein kinase C activity[J]. FASEB Journal, 12:451-459.

[65] Do Amaral B C, Connor E E, TAO S, et al. 2011. Heat stress abatement during the dry period influences metabolic gene expression and improves immune status in the transition period of dairy cows[J]. Journal of Dairy Science, 94:86-96.

[66] Dokladny K, Zuhl M N, Moseley P L. 2016. Intestinal epithelial barrier function and tight junction proteins with heat and exercise[J]. Journal of Applied Physiology, 120:692-701.

[67] Du J, Di H S, Gu L, et al. 2008. Hyperthermia causes bovine mammary epithelial cell death by a mitochondrialinduced pathway[J]. Journal of Thermal Biology,33:37-47.

[68] Eitam H, Brosh A, Orlov A, et al. 2009. Caloric stress alters fat characteristics and Hsp70 expression in milk somatic cells of lactating beef cows[J]. Cell Stress Chaperones, 14:173-182.

[69] Fabris T F, Laporta J, Skibiel A L, et al. 2019. Effect of heat stress during early, late, and entire dry period on dairy cattle[J]. Journal of Dairy Science, 102(2): 5647-5656 .

[70] Febbraio M A, Ott P, Nielsen H B, et al. 2002. Exercise induces hepatosplanchnic release of heat shock protein 72 in humans[J]. Journal of Physiology, 544:957-962.

[71] Fischer C P, Hiscock N J, Basu S, et al. 2006. Vitamin E isoform-specific inhibition of the exercise-induced heat shock protein 72 expression in humans [J]. Journal of Applied Physiology, 100:1679-1687.

[72] Fleshner M, Campisi J, Amiri L, et al. 2004. Cat exposure induces both intra- and extracellular HSP72: the role of adrenal hormones[J]. Psychoneuroen-

docrinology, 29:1142-1152.

[73] Flick K, Kaiser P. 2012. Protein degradation and the stress response[J]. Seminars in Cell & Developmental Biology, 23:515-522.

[74] Gao S T, Guo J, Qan S Y, et al. 2017. The effects of heat stress on protein metabolism in lactating Holstein cows[J]. Journal of Dairy Science, 100:5040-5049.

[75] Garner J B, Doublas M L, Williams S R, et al. 2016. Genomic selection improves heat tolerance in dairy cattle[J]. Scientific Reports, 6:34114.

[76] Gehrig S M, Van Der Poel C, Sayer T A, et al. 2012. HSP72 preserves muscle function and slows progression of severe muscular dystrophy[J]. Nature, 484: 394-398.

[77] Guo S, Wharton W, Moseley P, et al. 2007. Heat shock protein 70 regulates cellular redox status by modulating glutathione-related enzyme activities[J]. Cell Stress Chaperones, 12:245-254.

[78] Guo S, Wharton W, Moseley P, et al. 2007. Heat shock protein 70 regulates cellular redox status by modulating glutathione-related enzyme activities[J]. Cell Stress Chaperones, 12:245-254.

[79] Hammami H, Vandenplas J, Vanrobays L, et al. 2015. Genetic analysis of heat stress effects on yield traits, udder health, and fatty acids of Walloon Holstein cows[J]. Journal of Dairy Science, 98:4956-4968.

[80] Harmon R J, Lu M, Trammel D S, et al. 1997. Influence of heat stress and calving on antioxidant activity in bovine blood[J]. Journal of Dairy Science, 80(Suppl. 1):264.

[81] Hossner K L, Holland M D, Williams S E, et al. 1997. Serum concentrations of insulin-like growth factors and placental lactogen during gestation in cattle II. Maternal profiles[J]. Domestic Animal Endocrinology, 14:316-324.

[82] Huber J T, Higginbotham G, Gomez-Alarcon R A, et al. 1994. Heat stress interactions with protein, supplemental fat, and fungal cultures[J]. Journal of Dairy Science, 77:2080- 2090.

[83] Hunter-Lavin C, Davies E L, Bacelar M M, et al. 2004. Hsp70 release from peripheral blood mononuclear cells[J]. Biochemical and Biophysical Research

Communications, 324:511-517.

[84] Hunter-Lavin C, Hudson P R, Mukherjee S, et al. 2004. Folate supplementation reduces serum hsp70 levels in patients with type 2 diabetes[J]. Cell Stress Chaperones, 9:344-349.

[85] Johnson H D, Manalu W, Spences-Johnson K J, et al. 1991. Effects of somatotropin on milk yield and physiological responses during summer farm and hot laboratory conditions[J]. Journal of Dairy Science, 74:1250-1262.

[86] Johnson H H. 1987. Bioclimate effects on growth, reproduction and milk production. In: Johnson HD (ed) Bioclimatology and the adaptation of livestock[J]. Elsevier, Amsterdam: 35-57.

[87] Kadzere C T, Murphy M R, Silanilove N, et al. 2002. Heat stress in lactating dairy cows: a review[J]. Livestock Production Science, 77: 59-91.

[88] Kamiya M, Kamiya Y, Tanaka M, et al. 2006. Effects of high ambient temperature and restricted feed intake on urinary and plasma 3-methylhistidine in lactating Holstein cows[J]. Journal of Animal Science, 77:201-207.

[89] Kamwanja L A, Chase C C, Gutierrez J A, *et al*. 1994. Responses of bovine lymphocytes to heat shock as modified by breed and antioxidant status[J]. Journal of Animal Science, 72:438-444.

[90] Karin M, Greten F R. 2005. NF-kappaB: linking inflammation and immunity to cancer development and progression[J]. Nature Reviews Immunology, 5: 749-759.

[91] Kegley E B, Spears J W, Brown T T. 1996. Immune response and disease resistance of calves fed chromium nicotinic acid complex or chromium chloride [J]. Journal of Dairy Science, 79:1278-1283.

[92] Kelley K W, Greenfield R E, Evermann J F, et al. 1982a. Delayed-type hypersensitivity, contact sensitivity, and phytohemagglutinin skin-test responses of heat- and coldstressed calves [J]. American Journal of Veterinary Research, 43:775-779.

[93] Kelley K W, Osborne C A, Evermann J F, et al. 1982b. Effects of chronic heat and cold stressors on plasma immunoglobulin and mitogen-induced blastogenesis in calves[J]. Journal of Dairy Science, 65:1514-1528.

[94] Key N, Sneeringer S, Marquardt D. 2014. Climate change, heat stress, and U.S. dairy production. USDA-Economic Research Report #175.

[95] Khongdee S, Chaiyabutr N, Hinch G, et al. 2006. Effects of evaporative cooling on reproductive performance and milk production of dairy cows in hot wet conditions[J]. International Journal of Biometeorology, 50:253-257.

[96] Kinnula V L, Crapo J D, Raivio K O. 1995. Generation and disposal of reactive oxygen metabolites in the lung[J]. Laboratory Investigation, 73:3-19.

[97] Kregel K C. 2002. Heat shock proteins: modifying factors in physiological stress responses and acquired thermotolerance [J]. Journal of Applied Physiology, 92:2177-2186.

[98] Kristensen T N, Lovendahl P, Berg P, et al. 2004. HSP72 is present in plasma from Holstein-Friesian dairy cattle, and the concentration level is repeatable across days and age classes[J]. Cell Stress Chaperones, 9:143-149.

[99] Kristensen T N, Lovendahl P, Berg P, et al. 2004. HSP72 is present in plasma from Holstein-Friesian dairy cattle, and the concentration level is repeatable across days and age classes[J]. Cell Stress Chaperones, 9:143-149.

[100] Lacetera N, Bernabucci U, Ronchi B, et al. 2002. Moderate summer heat stress does not modify immunological parameters of Holstein dairy cows[J]. International Journal of Biometeorology, 46:33-37.

[101] Lacetera N, Bernabucci U, Scalia D, et al. 2006. Heat stress elicits different responses in peripheral blood mononuclear cells from Brown Swiss and Holstein cows[J]. Journal of Dairy Science, 89:4606-4612.

[102] Lamp O, Derno M, Otten W, et al. 2015. Metabolic heat stress adaption in transition cows: differences in macronutrient oxidation between late-gestating and earlylactating German Holstein dairy cows[J]. PLoS One 10:e0125264.

[103] Lancaster G I, Moller K, Nielsen B, et al. 2004. Exercise induces the release of heat shock protein 72 from the human brain in vivo [J]. Cell Stress Chaperones, 9:276-280.

[104] Li L, Sun Y, Wu J, et al. 2015. The global effect of heat on gene expression in cultured bovine mammary epithelial cells[J]. Cell Stress Chaperones 20: 381-389.

[105] Liu Z, Ezernieks V, Wang J, et al. 2017. Heat stress in dairy cattle alters lipid composition of milk[J]. Scientific Reports 7:961.

[106] Lough D S, Beede D L, Wilcox C J. 1990. Effects of feed intake and thermal stress on mammary blood flow and other physiological measurements in lactating dairy cows[J]. Journal of Dairy Science,73:325-332.

[107] Lublin A, Wolfenson D. 1997. Lactation and pregnancy effects on blood flow to mammary and reproductive systems in heat-stressed rabbits[J]. Comparative biochemistry and physiology. Part A, Physiology, 115(4):277-285.

[108] Lucy M C. 2008. Functional differences in the growth hormone and insulin-like growth factor axis in cattle and pigs: implications for post-partum nutrition and reproduction[J]. Reproduction in Domestic Animals, 43(Suppl 2):31-39.

[109] Mader T L, Davis M S, Brown-Brandl T. 2006. Environmental factors influncing heat stress in feedlot cattle[J]. Journal of Animal Science, 84:712-719.

[110] Mantovani A, Cassatella M A, Costantini C, et al. 2011. Neutrophils in the activation and regulation of innate and adaptive immunity [J]. Nature Reviews Immunology, 11:519-531.

[111] Maust L E, Mcdowell R E., Hooven N W. 1972. Effect of summer weather on performance of Holstein cows in three stages of lactation[J]. Journal of Dairy Science, 55:1133-1139.

[112] Mclaughlin B, Hartnett K A, Erhardt J A., et al. 2003. Caspase 3 activation is essential for neuroprotection in preconditioning [J]. Proceedings of the National Academy of Sciences of the United States of America, 100:715-720.

[113] Mcnamara J P, Valdez F. 2005. Adipose tissue metabolism and production responses to calcium propionate and chromium propionate [J]. Journal of Dairy Science, 88:2498-2507.

[114] Mivechi N F, Trainor L D, Hahn G M. 1993. Purified mammalian HSP70 activates phosphoprotein phosphatase in vitro[J]. Biochemical and Biophysical Research Communications, 192:954-963.

[115] Moallem U, Altmark G, Lehrer H, et al. 2010. Performance of high-yielding

dairy cows supplemented with fat or concentrate under hot and humid climates [J]. Journal of Dairy Science, 93 (7):3192-3202.

[116] Molvarec A, Rigo J, JR, Lazar L, et al. 2009. Increased serum heat-shock protein 70 levels reflect systemic inflammation, oxidative stress and hepatocellular injury in preeclampsia[J]. Cell Stress Chaperones, 14: 151-159.

[117] Monteiro A P A, Guo J R, Weng X S, et al. 2016a. Effect of maternal heat stress during the dry period on growth and metabolism of calves[J]. Journal of Dairy Science,99:3896-3907.

[118] Monteiro A P A, Tao S,Thompson I M, et al. 2016b. In utero heat stress decreases calf survival and performance through the first lactation[J]. Journal of Dairy Science,99:8443-8450.

[119] Monteiro A P A, TAO S, Thompson I M, et al. 2014. Effect of heat stress during late gestation on immune function and growth performance of calves: isolation of altered colostral and calf factors[J]. Journal of Dairy Science,97: 6426-6439.

[120] Nathan C. 2006. Neutrophils and immunity: challenges and opportunities[J]. Nature Reviews Immunology, 6:173-182.

[121] Olde Riekerink R G, Barkema H W, Stryhn H. 2007. The effect of season on somatic cell count and the incidence of clinical mastitis[J]. Journal of Dairy Science, 90:1704-1715.

[122] Palmer R M, Ferrige A G, Moncada S. 1987. Nitric oxide release accounts for the biological activity of endothelium-derived relaxing factor[J]. Nature, 327:524-526.

[123] Perera K S, Gwazdauskas F C, Pearson R E, et al. 1986. Effect of season and stage of lactation on performance of Holstein[J]. Journal of Dairy Science 69: 228-236.

[124] Pockley A G. 2003. Heat shock proteins as regulators of the immune response [J]. Lancet, 362:469-476.

[125] Prosser C G,Davis S R,Farr V C, et al. 1996. Regulation of blood flow in the mammary microvasculature[J]. Journal of Dairy Science,79:1184-1197.

[126] Rahman I, Biswas S K, Kode A. 2006. Oxidant and antioxidant balance in the airways and airway diseases[J]. European Journal of Pharmacology, 533: 222-239.

[127] Renaudeau D, Noblet J, Dourmad J Y. 2003. Effect of ambient temperature on mammary gland metabolism in lactating sows[J]. Journal of Animal Science, 81:217-231.

[128] Rhoads M L, Rhoads R P, Vanbaale M J, et al. 2009. Effects of heat stress and plane of nutrition on lactating Holstein cows: I. Production, metabolism, and aspects of circulating somatotropin[J]. Journal of Dairy Science, 92: 1986-1997.

[129] Richter K, Haslbeck M, Buchner J. 2010. The heat shock response: Life on the verge of death[J]. Molecular Cell,40:253-266.

[130] Roman-Ponce H, Thatcher W W, Buffington D E, et al. 1977. Physiological and production responses of dairy cattle to a shade structure in a subtropical environment[J]. Journal of Dairy Science,60:420-430.

[131] Sackesen C, Ercan H, Dizdar E, et al. 2008. A comprehensive evaluation of the enzymatic and nonenzymatic antioxidant systems in childhood asthma[J]. Journal of Allergy and Clinical Immunology, 122:78-85.

[132] Sano H, Ambo K, Tsuda T. 1985. Blood glucose kinetics in whole body and mammary gland of lactating goats exposed to heat[J]. Journal of Dairy Science,68:2557-2564.

[133] Scheider P L, Beede D K, Wilcox C J. 1988. Nycterohemeral patterns of acid-base status, mineral concentrations and digestive function of lactating cows in natural or chamber heat stress environments[J]. Journal of Animal Science, 66:112-125.

[134] Shi Y, Tu Z,Tang D, et al. 2006. The inhibition of LPS-induced production of inflammatory cytokines by HSP70 involves inactivation of the NF-kappaB pathway but not the MAPK pathways[J]. Shock, 26:277-284.

[135] Shwartz G, Rhoads M L, Vanbaale M J, et al. 2009. Effects of a supplemental yeast culture on heat-stressed lactating Holstein cows[J]. Journal of Dairy Science, 92:935-942.

[136] Silanilove N, Shapiro F, Shinder D. 2009. Acute heat stress brings down milk secretion in dairy cows by up-regulating the activity of the milk-borne negative feedback regulatory system[J]. BMC Physiology, 9:13.

[137] Smith D L, Smith T, Rude B J, et al. 2013. Short communication: comparison of the effects of heat stress on milk and component yields and somatic cell score in Holstein and Jersey cows[J]. Journal of Dairy Science, 96:3028-3033.

[138] Smith K L, Waldron M R, Drackley J K, et al. 2005. Performance of dairy cows as affected by prepartum dietary carbohydrate source and supplementation with chromium throughout the transition period[J]. Journal of Dairy Science, 88:255-263.

[139] Smolka M B, Zoppi C C, Alves A A, et al. 2000. HSP72 as a complementary protection against oxidative stress induced by exercise in the soleus muscle of rats [J]. American Journal of Physiology. Regulatory, Integrative and Comparative Physiology, 279:R1539-1545.

[140] Sobolewska A, Gajewska M, Zarzynska J, et al. 2009. IGF-1, EGF, and sex steroids regulate autophagy in bovine mammary epithelial cells via the mTOR pathway[J]. European Journal of Cell Biology, 88:117-130.

[141] Soper F, Muscoplat C C, Johnson D W. 1978. In vitro stimulation of bovine peripheral blood lymphocytes: analysis of variation of lymphocyte blastogenic response in normal dairy cattle[J]. American Journal of Veterinary Research, 39:1039-1042.

[142] Sorensen M T, Orgaard J V N, Theil P K, et al. 2006. Cell turnover and activity in mammary tissue during lactation and dry period in dairy cows[J]. Journal of Dairy Science, 89:4632-4639.

[143] Stelwagen K, Singh K. 2014. The role of tight junctions in mammary gland function[J]. J. Mammary Gland Biol. Neoplasia 19:131-138.

[144] Subiyatno A, Mowat D N, Yang W Z. 1996. Metabolite and hormonal responses to glucose or propionate infusions in periparturient dairy cows supplemented with chromium[J]. Journal of Dairy Science, 79:1436-1445.

[145] Suresh D R, Aanam V, Pratibha K, et al. 2009. Total antioxidant capacity-a novel early bio-chemical marker of oxidative stress in HIV infected

individuals[J]. Journal of Biomedical Science, 16:61.

[146] Suzuki S, Maruyama S, Sato W, et al. 2005. Geranylgeranylacetone ameliorates ischemic acute renal failure via induction of Hsp70 [J]. Kidney International, 67:2210-2220.

[147] Tao S, Bubolz J W, Do Amaral B C, et al. 2011. Effect of heat stress during the dry period on mammary gland development[J]. Journal of Dairy Science, 94:5976-5986.

[148] Tao S, Connor E E, Bubolz J W, et al. 2013. Short communication: Effect of heat stress during the dry period on gene expression of mammary tissue and peripheral blood mononuclear cells[J]. Journal of Dairy Science, 96:378-383.

[149] Tao s, Dahl G E. 2013. Invited review: Heat stress impacts during the dry period on dry cows and their calves[J]. Journal of Dairy Science, 96:4079-4093.

[150] Tao S, Orellana R M, Weng X, et al. 2018. Symposium review: The influences of heat stress on bovine mammary gland function[J]. Journal of Dairy Science, 101(6):5642-5654.

[151] Tao S, Thompson I M, Monteiro A P A, et al. 2012b. Effect of cooling heat-stressed dairy cows during the dry period on insulin response[J]. Journal of Dairy Science, 95:5035-5046.

[152] Tarazon-Herrera M, Huber J T, Santos J, et al. 1999. Effects of bovine somatotropin and evaporative cooling plus shade on lactation performance of cows during summer heat stress[J]. Journal of Dairy Science, 82:2352-2357.

[153] Trevisan M R, Browne R, Ram M, et al. 2001. Correlates of markers of oxidative status in the general population [J]. American Journal of Epidemiology, 154:348-356.

[154] Trout J P, Mcdowell L R, Hansen P J. 1998. Characteristics of the estrous cycle and antioxidant status of lactating Holstein cows exposed to heat stress [J]. Journal of Dairy Science, 81:1244-1250.

[155] Van De Ligt J L, Lindemann M D, Harmon R J, et al. 2002. Effect of chromium tripicolinate supplementation on porcine immune response during the periparturient and neonatal period[J]. Journal of Animal Science, 80:456-

466.

[156] Vincent J B. 2004. Recent advances in the nutritional biochemistry of trivalent chromium[J]. Proceedings of The Nutrition Society, 63:41-47.

[157] Wallace C R. 1993. Concentration of bovine placental lactogen in dairy and beef cows across gestation[J]. Domestic Animal Endocrinology, 10:67-70.

[158] Walsh R C, Koukoulas I, Garnham A, et al. 2001. Exercise increases serum HSP72 in humans[J]. Cell Stress Chaperones, 6:386-393.

[159] Weismann D, Hartvigsen K, Lauer N, et al. 2011. Complement factor H binds malondialdehyde epitopes and protects from oxidative stress[J]. Nature, 478:76-81.

[160] Wendling U, Paul L, Van Der Zee R, et al. 2000. A conserved mycobacterial heat shock protein (hsp) 70 sequence prevents adjuvant arthritis upon nasal administration and induces IL-10-producing T cells that cross-react with the mammalian self-hsp70 homologue[J]. Journal of Immunology, 164: 2711-2717.

[161] Weng X, Monteiro A P A, Guo J, et al. 2018. Effects of heat stress and dietary zinc source on performance and mammary epithelial integrity of lactating dairy cows[J]. Journal of Dairy Science, 101(3):2617-2630.

[162] West, J. W. 2003. Effects of heat-stress on production in dairy cattle[J]. Journal of Dairy Science, 86:2131-2144.

[163] Wheelock J B, Rhoads R P, Vanbaale M J, et al. 2010. Effects of heat stress on energetic metabolism in lactating Holstein cows[J]. Journal of Dairy Science, 93:644-655.

[164] Wohlgemuth S E, Ramirez-Lee Y, TAO S, et al. 2016. Short communication: Effect of heat stress on mammary gland autophagy during the dry period[J]. Journal of Dairy Science, 99:4875-4880.

[165] Yan L J, Christians E S, Liu L, et al. 2002. Mouse heat shock transcription factor 1 deficiency alters cardiac redox homeostasis and increases mitochondrial oxidative damage[J]. EMBO Journal, 21:5164-5172.

[166] Zarzyńska J, Gajkowska B, Wojewódzka U, et al. 2007. Apoptosis and autophagy in involuting bovine mammary gland is accompanied by up-

regulation of TGF-beta1 and suppression of somatotropic pathway[J]. Polish Journal of Veterinary Science,10:1-9.

[167] Zecchini M, Barbieri S, Boureima K, et al. 2003. Heat stress parameters in Azawak cattle (Bos indicus): four seasons of data collection[J]. Italin Journal of Animal Science, 2 (Suppl 1):142-144.

# 第三章　奶牛代谢应激与调控

## 第一节　奶牛代谢应激与调控研究概述

对奶牛来说，最初几周的泌乳期，是他们自己自从出生以后生命中风险最高的时期。据估计，在这段时期内，超过50%的奶牛至少有一种类型的亚临床紊乱。由于正常适应过程、传染因素和代谢障碍等方面的复杂因素，使得很难确定这种紊乱是生理性的适应过程，还是处于病理状态。许多研究已经清楚地表明，在分娩后的几天内，基本上所有的奶牛都经历了某种程度的系统性炎症。炎症的严重程度和可能的持续时间在不同的奶牛之间差异很大，一些研究已经将产后炎症的程度与疾病风险的增加和泌乳量的降低联系在一起。

代谢活动和功能失调的免疫反应，其显著变化与围产期奶牛疾病的发展密切相关。尽管奶牛在泌乳启动过程中经历了若干可能导致健康问题的生理变化，体脂的过度动员和血浆脂肪酸浓度显著升高是疾病发生的重要危险因素。脂质动员增加会直接影响肝脏的功能，并且与某些代谢性疾病如脂肪肝和酮症的发病有关。最近的证据表明，血浆脂肪酸浓度的增加可能通过损害参与免疫反应的细胞的功能，间接影响代谢和感染性疾病的发生。炎症在围产期奶牛发病机理中尤为重要。在围产期深入了解代谢应激，脂质动员和免疫失调之间的相互关系有助于制定有效的防控措施，以防止在奶牛这一重要的生产周期出现健康问题。

### 一、围产期奶牛代谢紊乱

奶牛围产期通常定义为产前3周至产后3周的阶段，是奶牛从妊娠非泌乳阶段到非妊娠泌乳阶段的过渡时期。在这一时期，奶牛需要经历干奶、分娩、泌乳启动等重要事件，同时伴随着生理、营养、代谢和免疫等方面的变化。特别是围产前期胎儿的快速发育和产后乳汁的大量分泌导致奶牛对能量的需求急剧增加，而与此同时该时期的干物质采食量下降导致奶牛能量摄入不足。几乎所有围产期奶牛都经历着能量负平衡（苏华维等，2011）。围产期奶牛动员机体各系统，通过一系列代谢适应过程（包括体脂动员等）应对能量负平衡带来的挑战。没有成功应对各种应激和挑战的奶牛，就会对自身健康构成威胁，严重影响牛场经济效益。据报道，围产期是奶牛疾病的高发期，大约75%的奶牛疾病发生在此阶段（Leblanc等，2006）。围产期奶牛的健康问题主要包括代谢性疾病（如酮病、脂肪肝等）和感染性疾病（如子宫炎、乳腺炎等），这些都是围产期高发并且相互影响的疾病。有必要归纳总结围产期奶牛的代谢适应特点，对能够有效缓解奶牛能量负平衡的关键措施进行总结和比较，以便帮助围产期奶牛成功应对能量负平衡带来的挑战。

### （一）围产期奶牛生理特征

1.能量负平衡的出现

能量的供给量与生产需求所需量之间的不平衡被称为能量负平衡。围产前期胎儿的快速发育和产后乳汁的大量分泌导致奶牛对能量的需求急剧增加。胎儿对营养的需求在妊娠的最后4周显著增加。产犊后对葡萄糖的需求会立即增加大约3倍，氨基酸需求增加1倍，脂肪酸需求增加5倍，钙的需求会增加1倍（Bell，1995）。该阶段干物质采食量的下降导致奶牛能量摄入不足。所有围产期奶牛都处于能量负平衡状态。

2.干物质采食量的降低

奶牛在围产期干物质采食量（DMI）减少，产前3周到分娩期间的DMI平均减少30%，最后1周减少最为明显。DMI的减少加剧了能量负平衡状态（刘艳芳等，2018）。奶牛的采食行为由下丘脑进食中心控制，该中心受到来自肝脏和肠道传入神经末梢以及机体代谢产物和激素等各种信号的综合调控，其中包括物理性调节、内分泌调节和代谢调节。奶牛分娩前后日粮组成的改变、围产期管理不善导致的应激压力（舒适度、环境、分群等）的增加以及肝脏的能量状态的升高等，都会影响干物质采食量。特别是奶牛过度脂解产生的NEFA在肝脏的氧化引起的饱腹感，可能是动物采食量下降的重要因素（Allen等，2009）。体况评分越高的奶牛，产后干物质采食量下降越明显（Hayirli等，2002）。

3. 瘤胃内环境的改变

瘤胃内环境稳态对奶牛机体能量、蛋白质和其他营养素的供应至关重要。在妊娠后期至泌乳早期，奶牛干物质采食量显著下降和分娩前后日粮组成的变化，给奶牛瘤胃内环境稳态带来挑战。奶牛主要依靠瘤胃微生物发酵产生的挥发性脂肪酸（乙酸、丙酸、丁酸等）来提供能量。大约90%的葡萄糖是由糖异生供给的，其中生糖先质丙酸经过肝脏糖异生作用生成的葡萄糖占50%～60%，丙酸还是刺激瘤胃乳头状突起生长进而增加瘤胃黏膜对VFA吸收能力的主要物质。挥发性脂肪酸的比例和产量由日粮组成、瘤胃微生物区系和瘤胃pH来决定的。

奶牛日粮从干奶期以“高纤维日粮”为主过渡为泌乳早期以“高精料日粮”为主，而随之带来的是瘤胃微生物区系、瘤胃乳头和瘤胃pH的变化。产前奶牛为适应干奶期日粮，瘤胃内产乳酸菌（乳酸杆菌和牛链球菌）少，分解乳酸为VFA的菌群（反刍兽新月形单胞菌和埃氏巨型球菌）数量少。丙酸合成减少，会导致瘤胃乳头状突起的萎缩和瘤胃黏膜对VFA的吸收能力下降（叶耿坪等，2016）。奶牛分娩后，为适应高精料日粮，瘤胃内产乳酸菌数量明显增加，但是乳酸分解菌（或称丙酸生成菌）对日粮变化适应较慢，可能导致：①瘤胃内乳酸累积，瘤胃酸度急剧升高，与此同时由于瘤胃乳头未生长完全，不能高效吸收VFA，加重了瘤胃内酸度进一步升高，增加了发生瘤胃酸中毒的风险；②奶牛DMI及日粮中纤维消化率降低，瘤胃内原虫和许多其他瘤胃微生物失去活性，甚至死亡，瘤胃内微生态平衡被破坏，从而引发健康问题；③乳酸不能够被充分分解利用，挥发性脂肪酸的浓度降低，生糖先质丙酸供给不足，导致能量负平衡和酮病疾病的发生。因此，围产期奶牛需做好日粮过渡，以缓慢调节瘤胃内微生态平衡，减少因日粮改变带来的隐患。

4. 内分泌的改变

围产期奶牛经历干奶、分娩、泌乳启动等重要事件的过程中，内分泌状态发生巨大变化而引发一系列生理和代谢变化（叶耿坪等，2016）。高水平的孕酮有利于维持奶牛的妊娠状态，而在分娩前急剧下降，是分娩和泌乳启动的关键刺激。血浆雌激素在分娩前 1 周和临近分娩时迅速升高，有利于泌乳启动，但同时也抑制了食欲导致采食量降低。催乳素在奶牛泌乳前的促进乳腺发育和初乳的合成过程中起着重要作用，但在泌乳维持中似乎没有起到重要作用。血浆皮质醇在临近围产期时增加，与产犊时的短暂高血糖有关。生长激素在整个围产期的变化不明显，在产前逐渐升高，分娩时降低，而产后逐渐升高。有证据表明，生长激素在刺激奶牛泌乳方面发挥重要作用，可能是奶牛产奶量增加的最重要的激素决定因素。胰岛素和胰高血糖素在葡萄糖的稳态控制中起着至关重要的作用。然而，有证据表明奶牛在泌乳早期对胰岛素的反应并不敏感。发生在产犊时的短暂性高血糖似乎并没有刺激胰岛素的分泌。与正常奶牛相比，低血糖和酮血症的奶牛在注射葡萄糖和采食后的胰岛素反应强度要低很多，提示这些奶牛有明显的胰岛素抵抗。胰高血糖素在奶牛体内起着刺激糖异生的作用，但是可能不会出现与非反刍动物程度相同的刺激脂解作用。兼有促进泌乳和刺激生长激素分泌作用的甲状腺激素水平在妊娠末期逐渐提高，分娩时下降达 50%，分娩后开始回升。

5. 免疫的变化

围产期是奶牛免疫应答发生剧烈变化的时期。过度而持久的脂质动员被认为是导致免疫功能障碍和感染性疾病发生的关键因素（Sordillo 和 Raphael，2013）。统计数据表明，过度的脂质动员使奶牛易患代谢性疾病（脂肪肝、酮病）和感染性疾病（乳腺炎、子宫炎）。功能障碍或不受控制的炎症反应被认为是奶牛围产期代谢和感染性疾病发病率增加之间的共同联系。泌乳期代谢需求引起的脂质动员增加，可直接降低免疫细胞在泌乳早期的清除细菌的能力；另外炎症反应的激活和免疫细胞群的有效防御会和奶牛生产（如泌乳）共同争夺葡萄糖作为能量需求，这也可能是发病期间生产效率低或者酮病发生期间血糖浓度下降引起的机体防御能力降低的原因。围产期血浆 NEFA 的浓度、组成成分和持续时间可能都会影响到奶牛的炎症反应和机体防御能力。

6. 血钙的变化

大部分围产期奶牛会面临钙的负平衡困扰，尤其是高产奶牛问题最突出。

胚胎骨骼发育需要从胎盘摄取大量的钙，随分娩临近，奶牛钙需要量增加；奶牛分娩后启动泌乳，牛乳中钙的浓度约为 30 mmol/L，机体钙的输出急剧增加，而钙摄入量明显不足，且由于内分泌和其他因素的综合调控，钙利用率较低，因此血钙在短时间内快速下降，导致低钙血症的发生。有研究指出，体况评分更高或者过度肥胖奶牛发生低钙血症的概率更大（Heuer 等，1999）。钙代谢与健康和生殖之间的联系也很明显。低血钙是奶牛泌乳期许多重要疾病的风险因素，包括乳腺炎、酮病、胎衣不下、真胃移位和子宫脱垂。低血钙是生殖障碍的风险因素，也是淘汰率增加的间接风险因素。Curtis 等（1983）观察到患低血钙的奶牛乳腺炎发病概率增加 8 倍。虽然这种发病率的增加归因于奶牛卧床和乳头括约肌闭合失败，但这些机制是推测性的。亚临床低血钙的奶牛与正常奶牛相比，更容易出现发烧、子宫炎和产褥性子宫炎（Martinez 等，2012）。外周单核细胞功能存在差异，表明低血钙奶牛的功能受损。英国研究人员发现，患有临床产褥热的奶牛从产犊到受孕比正常奶牛要多出 13 d 时间（Borsberry 等，1989）。研究人员还发现，低钙奶牛受孕率较低，66.6%的子宫炎和 91.3%的产褥期子宫炎由低血钙导致。

### （二）能量负平衡与脂肪代谢

#### 1. 能量负平衡的应对

在能量负平衡期间，必须从身体组织储备中调动足够的能量以支持机体对能量依赖的需求，而脂肪组织是围产期奶牛的主要能量来源。奶牛需要一个平衡的代谢反应来调节适当的脂质动员，其基本过程可以大体概括为：①由于泌乳的高需求和干物质摄入量的减少，导致血糖的降低；②血糖的降低导致胰岛素水平降低；③胰岛素水平降低增加了各种激素敏感性脂肪酶的活性，启动脂肪动员过程；④非酯化脂肪酸（NEFA）在各种激素敏感性脂肪酶的作用下从脂肪细胞内的甘油三酯（TG）分子分解出；⑤白蛋白将 NEFA 转运到血液中，作为能量来源，同时还启动负反馈回路以调节脂解的量。总体形成一个相对恒定的血糖浓度满足乳汁合成和分泌，且血液中不会有过多的 NEFA 积累（图 3-1；Sordillo 和 Raphael，2013）。当脂肪动员得到充分调节并且 NEFA 的释放限于可以代谢完全，并且满足自身能量需求的浓度时，能量负平衡的发生率就会显著降低。但脂肪组织的过度动员和血液中高浓度NEFA的积累就会引发一系列围产期奶牛代谢性问题，如酮病、脂肪肝等。有研究指出，围产期体况评分高的奶牛（BCS＞3.5，1～5）更容易发生脂质过度动员和高NEFA血症，发生酮病和脂肪肝的风险更高（Kim和Suh，2003）。

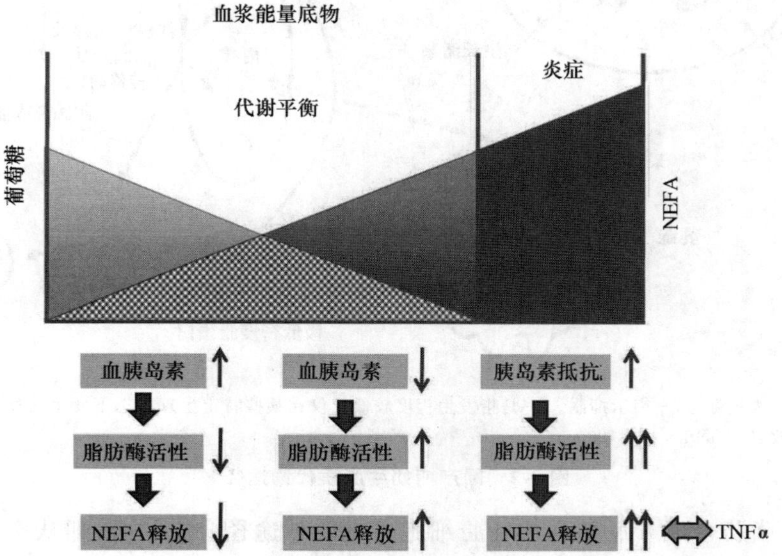


注：围产期对可用葡萄糖的需求增加，以支持泌乳的启动。能量负平衡的发生是由于葡萄糖需求的增加和干物质采食量的降低造成的。血糖浓度降低会导致胰岛素浓度降低。血液胰岛素浓度的降低增加了脂肪酶的激活，触发了脂肪组织中NEFA的释放。NEFA的增加是另一种能量来源，它有助于为牛奶合成保存葡萄糖。在适度的脂质动员过程中，胰岛素浓度升高，由于胰岛素依赖性脂肪酶活性的降低，脂肪组织中NEFA的释放率降低。然而，在过度脂质动员过程中，NEFA的过度积累可能通过肿瘤坏死因子α（TNF-α）的表达增加而干扰有效的炎症应答。TNF-α的表达增加可能会干扰胰岛素依赖性脂肪酶活性降低的进程，并使血浆NEFA的积累增加。

**图3-1　奶牛围产期的代谢适应过程**（修改自Sordillo和Raphael，2013）

2. 脂肪代谢

脂肪组织是机体主要的能量储备，由充满甘油三酯（TAG）的脂肪细胞组成，脂肪细胞内脂肪分解和脂肪生成反应不断发生，导致细胞内甘油三酯的不断降解和重新合成（图3-2）。

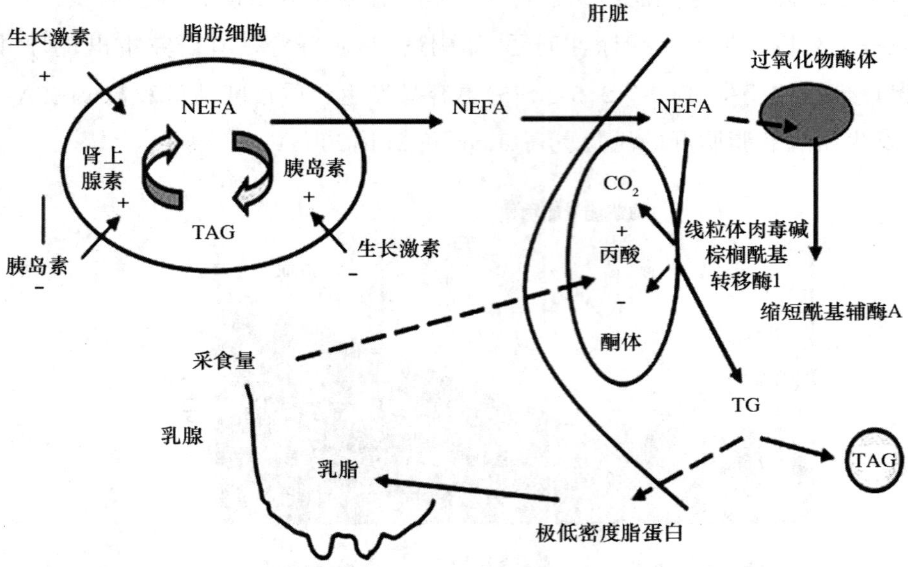


注：+ 表示促进，- 表示抑制。…· 是指发生程度较低或仅在某些特定生理状态下发生的过程。（修改自 Drackley JK，1999）

图 3-2　围产期奶牛脂质代谢途径

（1）脂肪合成　反刍动物脂肪细胞通过两种途径合成脂肪，即从头合成途径和循环中已形成长链脂肪酸的吸收途径（Glatz 等，2010；Roche 等，2013）。

从头合成途径：反刍动物主要利用瘤胃发酵产生的乙酸作为新脂肪酸（FA）从头合成的主要碳源。乙酰 CoA 羧化酶是这一过程的限速酶，它催化丙二酰 CoA 的形成，这是脂肪酸合成过程中的关键一步。然后丙二酰 CoA 与乙酰 CoA 在脂肪酸合酶缩合作用下产生第一个 4 碳酰基单位——丁酸。延伸的酰基链在脂肪酸合酶作用下与其他丙二酰 CoA（由乙酰 CoA 羧化酶产生）缩合为长链脂肪酸，最终生成 16 个碳的棕榈酸酯。

循环中已形成长链脂肪酸的吸收途径：从循环乳糜微粒或极低密度脂蛋白（VLDL）中摄取脂肪酸，脂蛋白脂肪酶水解血浆中甘油三酯产生游离脂肪酸和单酰基甘油。游离脂肪酸（NEFA）的摄取可以通过自由扩散（称为不饱和转运）进行被动吸收（特别是在浓度较高的部位），也可以通过膜结合蛋白脂肪酸移位酶（CD36）和脂肪酸转运蛋白（称为饱和转运）进行主动吸收。

（2）脂解作用　脂肪变性过程中，脂肪甘油三酯脂肪酶催化甘油三酯水解为甘油二酯和脂肪酸。长链脂肪酸在甘油三酯合成过程中被重复利用,而不是从脂肪细胞输出。脂肪在受到刺激后会发生分解,如慢性能量缺乏状态,激素敏感脂肪酶(HSL)通常在 sn-1 和 sn-3 位置作为长链脂肪酸水解反应中的催化剂。激素敏感脂肪酶(HSL)被脂解激素活化,活化由环磷酸腺苷依赖性蛋白激酶 A 的可逆磷酸化作用所介导,蛋白激酶 A 同时还可以使参与脂滴膜构成的疏水性蛋白——围脂滴蛋白发生磷酸化。上述 2 个步骤均对持续脂解作用至关重要,因为磷酸化围脂滴蛋白能够从脂滴膜上发生部分分离,为激素敏感脂肪酶(HSL)进入甘油三酯内部提供了通道。单酰基甘油酯酶水解 sn-2 位置剩余的长链脂肪酸,整个过程共产生 3 个游离脂肪酸和一个甘油骨架。即使脂解作用活跃期内,大部分的长链脂肪酸水解后都在脂肪细胞内进行二次酯化。脂肪细胞释放的部分游离脂肪酸能够迅速黏附于血清白蛋白,并随白蛋白运输至各个组织中。甘油和单酰基甘油通过细胞质膜中的水通道蛋白释放至循环中。游离脂肪酸高速动员期内,细胞内游离脂肪酸与白蛋白的比例增加,游离脂肪酸占据白蛋白分子上低亲和力结合位点。游离脂肪酸与白蛋白的这种微弱连接有利于能量需求组织和脂肪需求组织游离脂肪酸之间的传递与吸收(Ammann,2007)。

(3)游离脂肪酸代谢途径　游离脂肪酸代谢包含 3 种途径:肝脏和骨骼肌中氧化供能;肝脏中重新酯化为甘油三酯;或者在乳腺中被作为乳脂合成中长链脂肪酸的来源。

肝脏中脂肪酸的 $\beta$-氧化发生在肝细胞线粒体和过氧化物酶体室内;前者代谢产生乙酰辅酶 A、还原性的烟酰胺腺嘌呤二核苷酸和黄素腺嘌呤二核苷酸,这些代谢产物分别进入柠檬酸循环和电子传递链,通过生成三磷酸腺苷(ATP)来产生能量。肝细胞中过量的乙酰 CoA 经 $\beta$-氧化转化为酮体(乙酰乙酸盐和 $\beta$-羟丁酸)。酮体是奶牛泌乳早期重要的能量供给机制,尽管乙酰 CoA 能够转化为酮体,但相对于完全 $\beta$-氧化而言,其能量效率较低。泌乳早期,奶牛体内大部分的可用葡萄糖被分配至乳腺,而机体重要器官(如大脑)并不能通过代谢脂肪酸来作为自身能量的来源,因此器官内的酮体氧化对机体的存活就显得至关重要了。酮体形成速率与脂肪分解、脂肪酸氧化速率成正比(Herdt,2000)。

肝脏中游离脂肪酸的另一种氧化途径是过氧化物酶体途径，过氧化物酶体在多数脏器中均有存在（Roche 等，2013）。与线粒体内的β-氧化相比，过氧化物酶体内的β-氧化能够产生过氧化氢（过氧化氢酶催化），更重要的是，同时能够产生更短的酰基 CoA，这些酰基 CoA 被转运至线粒体中进行进一步的氧化。由于过氧化物酶体中不含有与 ATP 形成相关的呼吸链，因此认为过氧化物酶体内的β-氧化途径能量效率相对较低，该途径可能仅在游离脂肪酸广泛动员期间作为脂肪酸氧化的溢出途径而发挥作用。

肝脏中未发生β-氧化的非酯化脂肪酸被重新酯化为甘油三酯，部分非酯化脂肪酸还可形成极低密度脂蛋白释放到循环中。奶牛能量负平衡期间，脂肪酸再酯化肝容量增大。然而，肝脏中极低密度脂蛋白的输出速率却仍然很低，可能是由于奶牛控制极低密度脂蛋白总反应速率的关键组分—载脂蛋白 B 生成能力降低的缘故。因此，肝脏增加游离脂肪酸的摄取与再酯化，同时降低了内在极低密度脂蛋白合成和分泌，最终导致了肝脏中甘油三酯的积累，这种现象通常被称为脂肪肝（Roche 等，2013）。

3. 激素和脂肪因子在围产期脂解中的调控作用

（1）胰岛素　已经得到证实的是，胰岛素在奶牛脂肪分解中发挥着重要的调控作用。脂肪细胞是胰岛素所调控的最重要的敏感性细胞之一（Choi 等，2010）。在脂肪细胞中，胰岛素刺激葡萄糖的转运和脂肪生成，促进脂肪酸从循环中摄取，并抑制脂肪分解。胰岛素结合并激活胰岛素受体酪氨酸激酶，导致胰岛素受体底物 1 和 2 的磷酸化。这些事件之后是磷脂酰肌醇 3 激酶（PI3K）、phsiinotidedependent kinase1（PDK1）和蛋白激酶 B（AKT）的激活，后者介导胰岛素代谢和有丝分裂作用，包括通过葡萄糖转运体（如 GLUT4）对葡萄糖的摄取。胰岛素通过活化 AKT 抑制脂肪分解，从而抑制下游蛋白激酶 A（PKA），降低 PKA 对 PLIN1 的磷酸化作用。对于奶牛，循环中胰岛素浓度的降低和肝脏和脂肪组织中 AKT 磷酸化水平的降低，能够在围产期和泌乳早期刺激葡萄糖生成和脂肪分解（Zachut 等，2013）。

（2）生长激素　生长激素能激活脂溶作用，降低哺乳动物脂肪组织的胰岛素敏感性。对于泌乳奶牛，生长激素注射能够将肾上腺素刺激的脂肪组织反应提高 2～6 倍。泌乳动物脂肪组织的体外实验表明，生长激素降低了脂肪细胞对抗脂溶性分子(如腺苷)的敏感性,从而抑制了腺苷环化酶的活性。因此,相对于分娩前4～8周的非泌乳奶牛,围产期奶牛循环中生长激素浓度升高,通过增加脂肪细胞对肾上腺素刺激的反应性,降低腺苷对交感神经活动的抑制作用,提高脂解水平(Houseknecht 和 Bauman,1997)。

(3)脂肪因子　脂肪组织不仅仅是一个储存能量的场所,而且是一个重要的内分泌组织。脂肪因子是一类由脂肪组织特异性分泌的生物活性物质,对维持机体免疫应答、糖脂代谢稳定等具有十分重要的作用,并且与糖尿病及其并发症、肥胖等的关系十分密切。最近的研究提供的证据表明,围产期奶牛脂肪因子分泌的动态变化间接促使了将葡萄糖重新引导到乳腺,增加流向肝脏的 FA 流量,调节能量摄入(Giesy 等,2012;Contreras 等,2017)。

①脂联素　脂联素大部分是由脂肪细胞分泌,小部分由骨骼肌细胞和心肌细胞分泌,不仅可以优化肝细胞和肌细胞中 FA 的 β 氧化,还可以优化脂肪生成和脂肪细胞胰岛素敏感性。通过激活其受体 adipoR1、adipoR2 进而发挥作用,上述受体在骨骼肌中、肝脏和脂肪组织中表达。在单胃动物中,循环脂联素主要有低分子质量(LMW)、中分子质量(MMW)和高分子质量(HMW)3种寡聚形式。在奶牛中,高分子质量复合物是组成循环脂联素的主要成分,泌乳阶段不对其分布造成任何影响(Kabara 等,2014)。值得注意的是,循环脂联素的浓度与血浆 FA 呈反比关系,而血浆 FA 是奶牛主要的脂解生物标志物。同样,脂肪组织中编码 adipoR1 和 adipoR2 的基因表达在分娩后的前3周下调,而后在第100个泌乳日时回归峰值(Contreras 等,2017)。脂联素及其受体的分泌和表达的动态也许能说明,这种脂肪因子在过渡时期脂肪组织的适应性调整中起着自分泌、旁分泌和内分泌调节的作用。然而,脂联素在泌乳早期影响乳腺葡萄糖分配的程度目前尚不清楚。

②瘦素　瘦素是哺乳动物中最早的脂肪因子之一。在奶牛和其他反刍动物中,瘦素编码基因(OB)被广泛表达,包括瘤胃、真胃、十二指肠、乳腺、骨骼肌、脑下垂体和脂肪组织(Chilliard 等,2005)。与脂联素类似,瘦素也以内分泌、旁分泌和自分泌方式调节能量消耗和食物摄入。瘦素不仅可以增加 FA 氧化和脂肪分解,也可以减少脂肪生成。在奶牛中,血浆瘦素浓度在干奶阶段达到峰值,在分娩后第一周急剧下降。在脂肪组织中,OB 的表达反映了瘦素

血症的动态，在干奶期最高表达，在分娩后立即降至最低水平（Block 等，2001）。在过渡时期，瘦素分泌和转录的降低也许能增强干物质采食量的迅速恢复正常，然而，目前尚不清楚的是，对于营养条件过剩的奶牛，高瘦素血症是否会增加产犊前脂肪的分解和脂肪组织储备的损失。

③抵抗素　巨噬细胞和脂肪细胞可分泌抵抗素脂肪因子。在分泌和转录水平上，人类胰岛素抵抗的发展与抵抗素有关，并且也与代谢综合征和肥胖的啮齿类模型有关。在围产期奶牛中，产犊后第一周的时间内，抵抗素的血浆浓度达到峰值，经过 6 周泌乳时间之后，抵抗素的血浆浓度恢复到产前的水平。血浆抵抗素与产奶表现为负相关关系，但是与血浆 NEFA 呈正相关关系（Weber 等，2016）。血浆抵抗素与脂肪组织中抵抗素在转录和分泌动力学方面十分相似，与泌乳其他阶段和干奶期相比，在分娩后的第一周有更高的表达（Reverchon 等，2014）。值得注意的是，抵抗素与围产期脂肪组织高脂肪分解率，以及 ATGL 和 HSL 的转录增强有关（Reverchon 等，2014）。

### （三）围产期奶牛脂肪代谢紊乱

#### 1.酮病和脂肪肝的发生

非酯化脂肪酸（NEFA）进入肝脏后有 3 条代谢途径，一是彻底氧化供能；二是部分氧化生成酮体，被外周组织利用；三是再酯化形成 TG，以极低密度脂蛋白（very low density lipoprotein，VLDL）的形式运出肝脏。当脂肪动员得到充分调节并且非酯化脂肪酸的释放限于代谢完全并且能满足机体能量需求的浓度时，奶牛可免于能量负平衡的困扰。高浓度游离脂肪酸在血液中的积累和过量释放脂肪组织中脂质，与围产期奶牛代谢问题具有正相关关系。例如酮病和脂肪肝就是血浆非酯化脂肪酸浓度显著增加的直接结果。高血浆非酯化脂肪酸浓度导致的泌乳性能降低，可部分解释为对肝功能的不利影响（Ospina 等，2010）。

非酯化脂肪酸被肝细胞摄取，可以再酯化成甘油三酯或经历 $\beta$-氧化以在线粒体中产生能量。然而，在强烈的非酯化脂肪酸通量期间，如甘油三酯的新合成能力超过了肝细胞输出的能力，则会导致肝脏中滞留大量甘油三酯，进而形成脂肪肝。糖原异生必须经过脂肪酸氧化的过程。由于甘油三酯积累会导致肝脏中糖异生的降低,限制了最佳产奶所需的可用血糖,并进一步促进了围产期母牛的能量缺乏。肝脏吸收非酯化脂肪酸会产生脂肪酸代谢中间产物酮体。酮体被释放到血液中,可以用作能量底物,特别是在肌肉和神经组织中。当酮体生成速率超过酮体使用时,在强烈的脂质动员期间会导致酮病。我国奶牛酮病的发病率占泌乳牛的14%~30%,脂肪肝的发病率超过30%。据统计,一头酮病奶牛仅治疗药物及奶产量下降造成的损失即达151~312美元(徐硕烁等,2014)。奶牛酮病、脂肪肝造成的经济损失不仅如此,又因其常常诱发胎衣不下等其他围产期疾病,给奶牛业带来严重经济损失。

2.胰岛素抵抗与代谢紊乱

医学上对糖尿病发生机制的研究推动了对胰岛素抵抗的深入理解。胰岛素抵抗,即机体对胰岛素的反应性降低,是人由肥胖向Ⅱ型糖尿病转变的前驱阶段。胰岛素抵抗发生的分子机制可能有3个:①发生于胰岛素与其受体作用之前,包括胰岛素产生减少或者胰岛素的降解增加,可能导致胰岛素水平过低症;②胰岛素与其受体作用时,包括受体数量的减少和亲和力的减弱,可能导致胰岛素反应性(对葡萄糖)降低;③胰岛素作用的细胞内级联反应的改变,包括细胞内细胞传导和Glut4移位过程的破坏,导致胰岛素敏感性(组织对胰岛素)降低。而Ⅱ型糖尿病主要指第3种类型的胰岛素抵抗(Hayirli,2006)。

“胰岛素抵抗”在围产期奶牛的出现可能是自然选择的结果。外周组织对胰岛素的敏感性降低,可以促使大量营养物质主要流向胎儿或乳腺,保证胎儿发育或泌乳。脂肪组织是主要的对胰岛素敏感的外周组织。而胰岛素抵抗导致脂肪大量动员,分解释放大量的游离脂肪酸(NEFA)进入血液和肝脏时,引发酮病和脂肪肝。围产期奶牛酮病、脂肪肝的发生与胰岛素抵抗存在密切的关系(祝兴林等,2007)。胰岛素受体(IR)、胰岛素受体底物IRS-1和丝氨酸/苏氨酸激酶AKT是胰岛素发挥生物学效应最基本的信号分子。祝兴林等(2007)发现酮病和脂肪肝奶牛肝脏组织的胰岛素受体mRNA相对表达量显著降低,干奶牛高能饲喂下调了产后奶牛脂肪组织胰岛素受体mRNA丰度。Pires等(2007)发现血浆内低浓度的NEFA可以提高奶牛组织对胰岛素的反应性,血浆NEFA升高可能是胰岛素抵抗发生,进而引起围产期奶牛酮病和脂肪肝的重要因素。在体外经游离脂肪酸处理的小鼠脂肪细胞,完全抑制了胰岛素诱导的细胞内IR、IRS-1酪氨酸磷酸化和AKT(ser474和Thr308)的丝/苏氨酸磷酸化,抑制脂肪细胞内胰岛素信号传导,诱发胰岛素抵抗。同时游离脂肪酸还通过增加炎性激酶IKKβ和JNK的磷酸化水平,激活了脂肪细胞炎性信号通路(焦平,2009)。游离脂肪酸是否也通过此途径诱发了奶牛脂肪细胞内的胰岛素抵抗,进而引起更多的游离脂肪酸的释放?此推理还需要进一步验证。

## 二、围产期奶牛炎性反应

### (一)炎性反应机制概述

炎症作为一种进化上的保守反应,存在于许多生理和病理过程中,针对与感染和组织损伤相关的刺激,先天性和适应性免疫启动协调反应和引发炎症。理想状态下,炎症可以帮助身体适应和克服不良刺激,恢复体内平衡。炎症可以分为急性炎症和亚急性炎症。

1. 急性炎症

急性炎症的典型症状是红、肿、热、痛和机能障碍。针对急性炎症刺激,机体增加了炎症介质的表达和释放,包括细胞因子、趋化因子、黏附分子、类二十烷酸(eicosanoid)和补体蛋白等(Newton和Dixit, 2012)。这些炎症介质形成复杂的调节网络,促进血液流向受感染的组织,免疫细胞的渗透和激活,以及全身性反应,包括体温升高、心率加快、食欲下降等。肿瘤坏死因子α(TNF-α)、IL-1β和IL-6等细胞因子可激活白细胞和内皮细胞,同时触发急性期反应。这些细胞因子主要由巨噬细胞和肥大细胞产生。

细胞因子与相应细胞因子受体结合之后,才能在炎症过程中发挥作用。大多数跨器官系统的细胞类型都可表达炎性细胞因子受体,而这些实质细胞负责调节免疫激活的许多系统反应。如免疫细胞在感染期间通过血流释放出的细胞因子,刺激内皮细胞中的前列腺素E2的生成,进而作用于大脑前视区的神经元,增加核心体温的设置点。这种发热诱导机制,涉及不同谱系的免疫细胞和非免疫细胞之间的交互作用,类似于许多炎症反应的连锁反应。

炎症的一个重要的次级反应是急性期反应。由肝脏大量产生的急性期蛋白包括结合珠蛋白、血浆铜蓝蛋白(ceruloplasmin)、血清淀粉样蛋白 A 和 C 反应蛋白。通常这些急性期蛋白在血液中含量较低,但是在全身性炎症反应过程中,它们的浓度大大提高。与此同时,其他主要由肝脏分泌的蛋白质(例如白蛋白)浓度下降(Bradford 等,2015)。

以奶牛乳腺炎的发生为例。乳腺炎是奶牛生产中"最昂贵"的炎症性疾病,通常来自乳腺的微生物感染。如果感染是由革兰氏阴性菌引起的,由细菌外膜释放的 LPS 是启动炎症的主要病原体成分。LPS 诱发促炎细胞因子的产生,使白细胞(主要是中性粒细胞)迁移到感染部位。当它们到达被感染的组织后,中性粒细胞会被激活并释放它们的有毒物质,包括活性氧、活性氮和蛋白酶。这些物质对清除病原体是非常重要的,但同时也可能促进血奶屏障的破坏,并诱发乳腺上皮组织的损伤,进而导致分泌型细胞的数量减少和活性降低,减少了牛奶的合成和分泌(Ballou, 2012)。除了乳腺炎,子宫感染经常出现在泌乳早期。基本上所有的牛在分娩后的 3 周内都有子宫内的细菌污染,而大多数奶牛至少有一种形式的生殖道病理状态(LeBlanc 等,2011)。

被控制炎症的过程通常会促进机体从感染中恢复,但不受控制的或慢性炎症可能有害。因此,在一种理想的急性炎症反应中,必须在消灭传染因子后快速地消除。重要的消除信号包括抗炎细胞因子(如 IL-10)和 n-3 脂肪酸衍生物(如 resolvins 和 protectins)(Spite 等, 2014)。

2. 亚急性炎症

炎症信号的急剧升高会引起细胞因子风暴甚至组织损伤,但亚急性炎症会导致炎症介质轻微的增加,有助于组织功能慢性的和渐进性的变化。低水平的慢性炎症发生于各种疾病中,包括人类的肥胖和 2 型糖尿病。其中与代谢紊乱有关的慢性炎症被称为代谢炎症(Hotamisligil, 2006)。与由感染和损伤引起的传统炎症不同的是,亚急性炎症通常与组织故障有关。例如,在肥胖症中,亚急性炎症是由新陈代谢组织中多余的营养物质引起,最终激活多种类型的免疫细胞,引起不能消除的组织炎症反应,常常会破坏新陈代谢。

虽然急性和亚急性炎症引发不同的反应,但它们共享大多数信号通路。在免疫系统中最古老的成分之一是模式识别受体(PRR)(Takeuchi 和 Akira, 2010)。PRR 与广泛的病原体相联系,因此被称为病原体相关的分子模式,主要包括 Toll 样受体、c-lectin 受体(由真菌分子激活)和核苷酸结合寡聚化结构域(NOD 样受体)(由胞内细菌激活)。这些受体除了与病原体相关的分子模式发生反应外,还可以被病原体无关的配体激活。其中 TLR4(常称为 LPS 受体)的生理相关配体就包括饱和脂肪酸,而这种受体在泌乳早期被大大提高(Mamedova 等, 2013)。

### (二)围产期奶牛存在广泛的炎性反应

产后奶牛的急性期反应明显。研究证明,在分娩后的数天,即使在没有疾病发生的情况下,炎症和正向急性期介质都会升高。有研究通过监控 161 头围产期奶牛发现,血清急性期蛋白结合珠蛋白含量普遍升高,这种现象也发生于明显健康的奶牛,只是患病或难产奶牛的浓度明显更高(Qu 等, 2014)。

分娩时子宫组织损伤所导致的炎症可能引起全身性症状。有研究在产后第 7 天和第 42 天使用细胞刷技术分别采集经产奶牛中含有子宫内膜和炎性细胞的宫颈标本。与产后第 42 天的样品相比,产后第 7 天时子宫中性粒细胞群、IL-6 和 IL-8 的转录丰度以及嗜中性粒细胞酶基因表达显著增加,反映了产后子宫内迅速发生了中性粒细胞浸润,以及促炎介质的增加(Yuan 等, 2015)。

高谷物日粮喂食奶牛可改变肠道环境和微生物群,从而导致细菌释放出大量的 LPS,诱导炎症反应。据报道(Emmanuel 等,2008),泌乳期奶牛日粮中增加大麦谷物的比例,会降低采食量和瘤胃 pH,并使体内 LPS 浓度增加 10 倍。这种反应与血浆中急性期蛋白浓度升高有关,表明发生了全身性炎症反应。尽管这种亚急性酸中毒诱导模型比大多数牧场奶牛所经历的过程更加极端,但从干奶日粮向泌乳期高谷物日粮的突然转变可能会引发类似的反应。有证据表明,即使是相对短期的禁食也会引起急性期反应,这可能是由于肠道屏障功能的破坏(Marques 等, 2012)。瘤胃环境的变化以及更加"渗漏"的肠道,可能会导致这段时间发生 LPS 诱导的炎症反应(Pearce 等,2013)。

很明显的是,产后奶牛几个器官中炎症信号都有升高,且没有明显的病理变化出现。越来越多的证据表明,分娩的过程和泌乳直接诱发炎症。与急性感染的炎症不同,产后炎症状态通常较低,且没有炎症的典型症状。这与代谢炎症的概念是一致的。

类二十烷酸(Eicosanoids)是一种由长链脂肪酸氧化而产生的信号分子的家族，对炎症具有复杂的控制作用，能够增强(某些类型的前列腺素、thromboxanes 和白细胞三烯)或者减弱(resolvins、protect1ns 和 paresis)炎症反应。有研究在泌乳期第 1 周检测了 16 种不同 eicosanoids 的血浆浓度发现，促炎症的 eicosanoids 浓度在分娩时升高，随后在泌乳期第 1 周内降低，而某些促炎症消除的代谢物在分娩后浓度升高(Yuan 等，2013)。由此说明，奶牛在产后炎症反应迅速增加，并且随着泌乳的进行，抗炎信号逐步增强，利于炎症的消除。

## 三、代谢紊乱与炎症的关系

### (一)炎症与围产期代谢紊乱的密切联系

大量数据显示，围产期代谢紊乱与炎症有着密切的联系。脂肪肝奶牛血浆中包括急性期蛋白和血清淀粉样蛋白在内的炎症标志物浓度升高。中度到重度脂肪肝奶牛血清中 TNFα 活性升高。肝脏炎症与围产期奶牛的代谢性问题相关。奶牛肝脏炎症的程度主要根据血浆中急性期蛋白浓度分为 4 个等级。那些具有最严重炎症指标的奶牛患有一种或多种围产期紊乱的风险将提高 8 倍以上，具有较低的血钙浓度和更长的空怀期，而且在泌乳的第 1 个月产奶量更低(Bertoni 等，2008)。急性期蛋白和围产期疾病之间存在着联系，并且多发生在出现明显临床症状之前。

能量代谢的某些方面，尤其是脂质动员，可能会对围产期奶牛的炎症反应产生负面影响。功能障碍或不受控制的炎症反应被认为是奶牛围产期代谢和感染性疾病发病率增加之间的共同联系。这一假设是基于观察到代谢和感染性疾病往往彼此伴随发生，而不是在泌乳早期的奶牛中发生的孤立事件。任何单一围产期疾病的发病率增加都会增加共患其他疾病的概率。流行病学调查表明，胎衣不下与乳腺炎发病率之间存在关联，患有酮病的奶牛发生乳腺炎的可能性是健康奶牛的 2 倍(Bradford 等，2015)。虽然没有直接的因果关系，有充分的证据表明在围产期健康问题的增加是免疫系统功能失调的表现。

### （二）短暂的急性炎症对代谢的影响

研究人员对急性乳腺炎症对代谢的影响进行了评估。这项研究旨在评估革兰氏阴性菌引起的乳腺炎是否能直接导致常见的围产期代谢紊乱（Waldron等，2006）。泌乳早期奶牛乳房内注射 100μg 的 LPS 诱发了急性全身炎症，表现为直肠温度升高 3℃，心率增加 29%，血浆皮质醇浓度增加了 15 倍。但这种急性反应并没有对与代谢紊乱相关的代谢物造成很大程度的影响。由此得出的结论是，这种急性炎症模型不会直接损害新陈代谢功能。

### （三）持续的亚急性炎症对代谢的影响

人类肥胖症研究认为，分娩时与过度肥胖相关的代谢风险可能是由脂肪组织中免疫细胞浸润造成的。基于这种假设，有研究使用渗透微型泵，将牛 TNFα 连续数天持续性输入泌乳后期奶牛的皮下脂肪库，评估稳定而低水平的炎性因子是否干扰新陈代谢功能（Martel 等，2014）。结果发现，不断地将 TNFα 注射到皮下脂肪库并没有改变代谢功能、采食量、葡萄糖生成和血浆代谢物浓度。部分原因可能是微型泵输液的缓慢速度不足以引发足够的细胞因子风暴而产生系统效应。然而实验同时观察到对侧脂肪库中抗炎细胞因子 IL-10 的含量急剧增加。由于泌乳牛脂肪组织中含有非常少量的免疫细胞，奶牛在分娩时可能并不会出现人肥胖症表现出的脂肪组织炎症的程度。

### （四）重复且短暂的炎症对代谢的影响研究

有研究认为泌乳中期奶牛每天一次皮下注射亚急性注射剂量的 TNFα，可以导致采食量降低 34%，血浆 NEFA 浓度升高和氧化应激的增加（Kushibiki 等，2003）。使用稍微低剂量的类似方法，连续几天每天皮下注射重组牛 TNFα，可引起泌乳后期奶牛肝脏甘油三酯含量增加 1 倍，泌乳早期奶牛采食量下降 18%，酮病发病率增加 3 倍（Yuan 等，2013）。由此推测反复亚急性的炎症反应能破坏体内代谢平衡，促进泌乳奶牛新陈代谢紊乱的发生。

### (五)代谢应激对分娩前后免疫功能的影响

围产期的高强度脂质动员是导致免疫功能障碍的主要因素。有研究对妊娠奶牛进行乳房切除术,以评估产奶量和能量负平衡对免疫的影响(Kimura 等,1999)。乳房切除的奶牛由于没有产奶,因此不会经历能量负平衡阶段和高血浆游离脂肪酸浓度过程,与正常分娩奶牛相比,乳房切除奶牛的淋巴细胞和中性粒细胞功能明显更好,这说明了泌乳期代谢需求引起的脂质动员增加,可直接降低免疫细胞在泌乳早期的清除细菌的能力;酮病奶牛更容易患乳腺炎和其他感染性疾病,子宫炎奶牛血浆 $\beta$-羟丁酸浓度显著升高,这些现象表明,与能量负平衡有关的代谢物可能会对中性粒细胞和其他免疫细胞功能造成影响;另外炎症反应的激活和产奶过程会争夺葡萄糖作为能量需求,这也可能是发病期间生产效率低或者酮病发生期间血糖浓度下降引起的机体防御能力降低的原因(Bradford 等,2015)。

### (六)血浆 FFA 可能影响围产期奶牛炎性状态

目前围产期奶牛亚急性炎症的产生原因还不清楚。人肥胖症和糖尿病等代谢病的研究表明,血液中代谢产物 FFA 是导致亚急性炎性反应的重要因素。围产期奶牛大量动员体脂储备,不仅提高了血浆 FFA 浓度,还改变了 FFA 的组成,而且血浆 FFA 的组成与肥胖病人极其相似。奶牛血浆 FFA 在分娩前两周开始增加,在分娩后 0～10 d 达到峰值,而酮病奶牛血浆 FFA 处于更高水平。分娩后血浆 FFA 成分发生了改变,其中包括棕榈酸(C16∶0)和硬脂酸(C18∶0)浓度的升高,以及 Ω-3 多不饱和脂肪酸浓度的下降。医学界多项研究表明,饱和脂肪酸,如棕榈酸(C16∶0)和硬脂酸(C18∶0)能通过 Toll 样受体 4(TLR4)的介导激活白细胞、内皮细胞 NF-$\kappa$B 信号通路,诱导黏附分子的转录,以及大量细胞因子、趋化因子和受体的表达,增强细胞炎症反应。而 Ω-3 多不饱和脂肪酸可以抑制这种炎症途径。脂肪酸还可以与细胞内的过氧化物酶体增生物激活受体(PPAR)结合,调控包括内皮细胞、单核细胞和脂肪细胞在内的多种类型细胞的炎症反应。对人单核细胞的研究表明,暴露于高 FFA 浓度的持续时间也会对细胞炎性反应起着关键性作用。据此推测血浆

FFA 浓度、组成和维持时间可能通过某机制影响了围产期奶牛炎性状态(张凡建等,2018)。

### (七)炎性反应可能是围产期奶牛胰岛素抵抗和代谢病发生的重要诱因

胰岛素抵抗是围产期奶牛支持胎儿发育和早期泌乳的关键机制,其通过降低外周组织对胰岛素的敏感性,促进大量营养物质主要流向胎儿或乳腺。但过度的胰岛素抵抗与围产期奶牛酮病、脂肪肝的发生密切相关。泌乳早期奶牛经非甾体消炎药(NSAID)水杨酸钠处理后,血浆中促炎症介质降低的同时,还降低了血糖和升高了胰岛素敏感性(Farney 等,2013)。泌乳第 1 周奶牛连续 7d 皮下注射低剂量的 TNFα 显著提高了血浆结合珠蛋白含量,而且将酮病发生率提高了 3 倍(Yuan,2014)。以上研究表明,泌乳早期炎性反应可能适应性诱导奶牛生理性胰岛素抵抗,但持续的炎性反应反而加重代谢应激。但其作用机制尚不清楚。

医学研究表明,代谢性炎症信号主要通过激活炎性细胞内信号转导途径,调节下游炎症反应,如 c-Jun 氨基末端激酶(JNK)、抑制性 κB 激酶(IKK)通路,诱导局部炎性介质的低度产生(Ye,2013)。而 JNK、IKK 可使胰岛素受体底物(InRS)发生丝氨酸磷酸化,抑制 InRS 酪氨酸磷酸化并引起蛋白泛素化和 InRS-1 的降解,从而阻断胰岛素信号转导。Yuan 等(2001)研究显示,肥胖的啮齿类动物中,脂肪酸可以激活 IKKβ/NF-κB 炎症信号通路,而大剂量水杨酸盐治疗可以抑制 IKKβ/NF-κB 信号通路,改善脂肪酸诱导的胰岛素抵抗。Hirosumi 等(2002)证实,炎性细胞因子和脂肪酸可激活 JNK,进而损伤胰岛素信号转导和介导肥胖相关胰岛素抵抗。围产期奶牛炎性因子是否通过上述某个途径诱导了胰岛素抵抗,还有待于进一步研究。

鉴于炎性反应在围产期奶牛代谢疾病发生中的可能性作用,有研究试图通过抗炎药物或物质的使用来改善或缓解胰岛素抵抗,提高围产期奶牛生产性能。如泌乳前 5 d 奶牛经阿司匹林处理后能够在较长时间内持续增加产奶量;但需要指出的是,炎性反应是机体应对病原或损伤的一种宿主反应,完全去除炎症反应信号可能会使机体的疾病易患性增强。比如,分娩期间使用非甾体消炎药会提高奶牛剖宫产和胎衣不下的风险。

适度的炎症可以保护奶牛免受病原体感染和组织损伤，也有利于奶牛生理状况和物质代谢的适应性变化。但是，如果炎症状态不可修复的话，则会破坏机体新陈代谢。多方面研究已经证实了围产期奶牛广泛存在炎性反应，而这种炎性反应的发生与营养信号过剩有很大关系。因此单纯抑制炎性介质并不能去除与代谢信号相关的营养过剩或伴随的细胞器功能障碍。研究人员有必要开展研究，揭示代谢产物，特别是 FFA 对围产期奶牛炎性反应的贡献，以及炎性反应诱导围产期奶牛胰岛素抵抗和代谢紊乱的机制，以期在不破坏整体免疫反应的基础上为围产期代谢病防治探寻适合的机制靶点。

## 四、代谢应激与乳腺的适应

从生物进化角度来看，奶牛投入大量的能量和营养资源来建立和维持妊娠，并在分娩后以泌乳的方式为后代提供免疫和营养，加强母子间的联系，以提高后代的存活率（Bruckmaier 和 Gross，2017）。当前牛奶的生产水平已远超其后代存活的需要，并且还在维持人类奶制品需求方面发挥着至关重要的作用。然而，牛奶的生产挑战了奶牛的新陈代谢和健康。虽然奶牛为了维持能量和营养的平衡，进行了复杂的适应过程，仍有许多个体未能成功应对泌乳早期乳腺的代谢需求。然而需要指出的是，奶牛或多或少成功地适应了代谢挑战。在乳腺不同的功能阶段，奶牛通过多种途径应对和适应代谢的挑战。

### （一）奶牛乳腺代谢适应的差异性

奶牛泌乳启动的特点是将营养物质优先输送到乳腺（即乳腺的代谢优先）。具体的体现是，奶牛尽管在泌乳早期发生能量负平衡，但牛奶产量保持不变，并持续增加至泌乳高峰（图 3-3；Gross 和 Bruckmaier，2019）。目前还不清楚泌乳期乳腺的代谢优先在多大程度上是由遗传决定的，或者在多大程度上可以通过育种加以控制。

动物个体在代谢适应方面存在相当大的生物学差异，特别是在从妊娠后期到泌乳早期的转变过程中产生不同程度的代谢应激（Gross 和 Bruckmaier，2019）。代谢稳健性（Metabolic robustness）意味着不论生产水平如何，分娩后都能成功地适应泌乳的挑战。泌乳早期的过度适应反应是不受欢迎的，而在

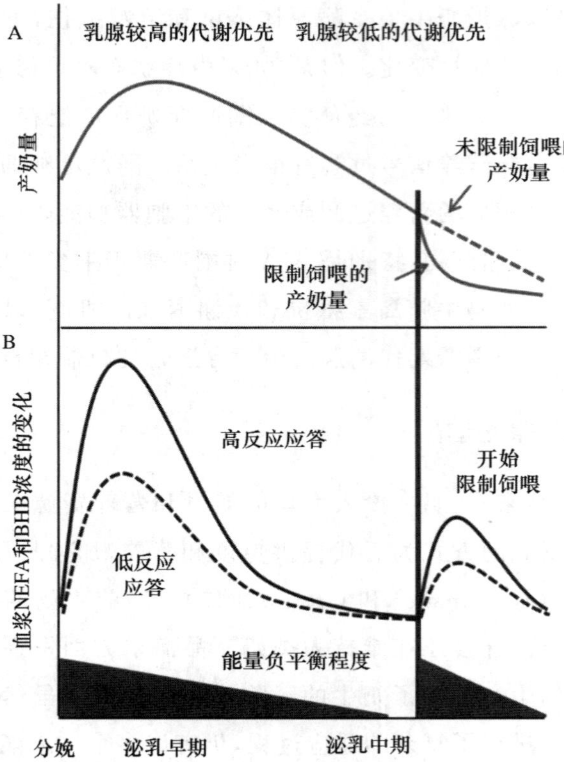


注：在泌乳中期，限制50%的能量和养分供应，可导致产奶量下降20%。泌乳乳腺代谢优先的2个不同阶段，能量缺乏适应反应的个体差异表现为高反应组和低反应组血浆非酯化脂肪酸（NEFA）和BHB浓度的变化。高或低反应应答组分别指泌乳早期能量负平衡阶段的高或低血浆NEFA和BHBA浓度的牛。

**图3-3　泌乳早期能量负平衡和泌乳中期限饲条件下奶牛泌乳曲线（A）和血浆NEFA和BHB浓度变化（B）**（Gross和Bruckmaier，2019）

后期泌乳阶段，奶牛对环境和代谢应激的适应反应所产生的健康危害较小。虽然奶牛产奶量可能会暂时下降，但一旦能量和营养供应满足了乳腺的需求，产奶量就会恢复。

不同的奶牛品种对环境和饲养变化的适应程度不同。同样是纯牧草喂养的条件下，荷斯坦奶牛虽然表现出较高的代谢负荷，仍能维持较高的产奶量（Zbinden等，2017），而瑞士褐牛即使没有相当大的代谢负荷，产奶量也会下降（Frey等，2018）。适应反应的差异性是由基因决定的。Ha等（2017）研究发现，代谢产物葡萄糖、非酯化脂肪酸（NEFA）和$\beta$-羟丁酸（BHB）的外在表现与稳健性和灵活性相关基因差异性表达有关。

### （二）饲喂水平和干奶期管理对乳腺发育的影响

犊牛早期自由饲喂牛奶和代乳品，能刺激乳腺发育，并获得较好的终生性能（Geiger 等，2016）。但这种由饲喂水平引起的效应仅发生于犊牛早期（Korst 等，2017）。初情期前的限制饲喂，会促使乳腺实质结构的高度发育，降低乳腺中脂肪细胞的比例，并直接影响后期的泌乳性能（Purup 等，2000）。初情期前小母牛的过度生长会导致乳腺脂肪垫中脂肪的大量积累和功能性实质组织的发育不良（Akers，2017）。

奶牛的干奶启动了乳腺的退化和再发育过程，停止挤奶使乳腺上皮细胞和乳腺泡结构得以更新，而剩余的能量和营养可以用于妊娠后期胎儿的指数生长。当前，干奶时间普遍确定为6～8周。然而，干奶牛面临着一些挑战。一是在干奶后的几天内乳腺感染的风险很高；二是日粮结构的改变会导致奶牛体内脂肪动员增强，分娩后出现酮症和其他生产疾病的风险较高；三是产奶水平还较高的时候停止挤奶，影响奶农的收入。

因此，干奶的需要和干奶期限的确定仍是有争议的。忽略干奶期可能是一种策略，一方面可以减少该临界点乳腺炎的易感性，更重要的是，可以避免分娩前不久干物质采食量的降低或已经营养过剩的奶牛进一步增重的风险。但是，未经历干奶期的奶牛也存在不利的因素。比如，虽然泌乳早期代谢状态得到改善，但同时也降低了产奶量；还有，必须更加注意泌乳中后期饲料日粮的适当组成，以避免连续挤奶的低产奶量奶牛增肥。

### （三）初乳的产生以及分娩前后内分泌和代谢适应的后果

与其他物种相比，奶牛的内分泌变化，特别是孕酮的减少和催乳素和糖皮质激素的高峰浓度，在足月结束前发生，并在分娩时直接启动了泌乳（图3-4）。大量的初乳在分娩前的几个小时就已经可以获得（Gross 等，2014）。在围产期的非常短的时间内，产前的一次性挤奶可以保证乳腺分泌物的质量和容量（Gross 等，2014）。这可以确保在难产和产奶前漏乳的情况下，新生儿有足够的IgG供应。然而，随着第二次挤奶（哺乳或机器挤奶），随着血乳屏障的关闭，IgG的浓度迅速下降（图3-4）。与此同时，犊牛的消化道活性增强，完整的母源抗体不再能通过肠道屏障转移。

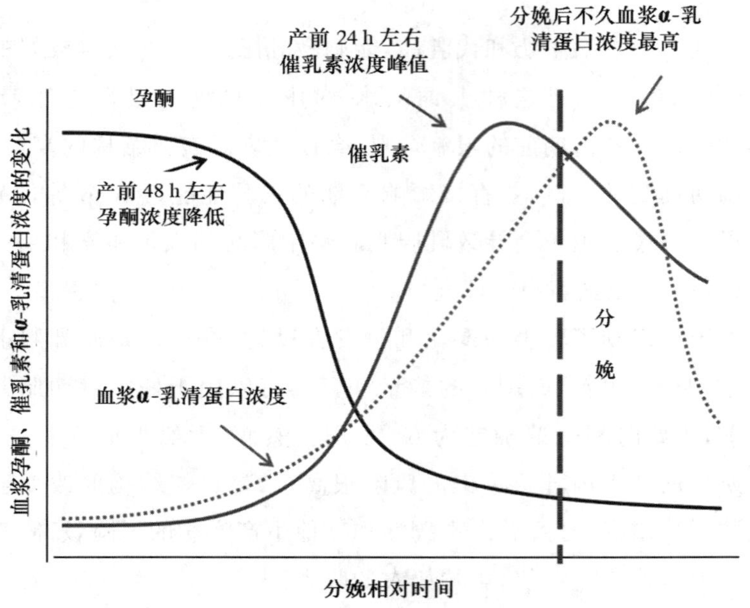


注：与内分泌变化相关的主要过程包括母体IgG进入初乳和血乳屏障关闭。PGF2α诱导的孕酮浓度的降低引起催乳素的释放和泌乳过程。分娩前升高的催乳素浓度触发了血乳屏障的关闭，从而逐渐终止了血源性蛋白质（如IgG）的进一步转移。

**图3-4　奶牛围产期血浆催乳素、孕酮和α-乳清蛋白浓度的变化规律**

（Gross和Bruckmaier，2019）。

奶牛初乳的产量通常是小牛实际需要量的数倍。目前的研究未能确定初乳产量与IgG浓度之间的任何关系（Gross等，2014）。分娩和首次挤奶的时间间隔对初乳质量没有负面影响，至少在分娩后的12 h内不影响初乳质量（Gross等，2017）。当合成牛奶成分所需的能量较少时，奶牛的代谢应激较小，而充沛的能量可以分配给其他竞争任务，如繁殖或免疫系统。除IgG外，还有其他生物活性成分，如维生素、胰岛素、IGF-1和5-羟色胺（5-HT）等在初乳中高度富集。与分娩后不久首次挤奶的奶牛相比，分娩前已经挤奶的奶牛的初乳中5-HT浓度更高。与头胎奶牛相比，经产奶牛的初乳质量更好（Gross等，2017）。然而，牛初乳质量在农场之间和农场内部（Baumrucker等，2010），以及一头牛的不同乳区之间（Samarütel等，2016）存在较高的差异。其背后的机制有待于进一步研究。

血乳屏障可使生物活性成分在足月前转移至初乳。IgG1 和 IgG2 进入初乳的转运机制是不同的(Samarütel 等,2016)。分娩前母体循环中 IgG 的水平并不影响初乳的转入率和初乳的 IgG 浓度(Baumrucker 等,2016)。初乳形成的过程应该在分娩前几周到几天开始(Baumrucker 和 Bruckmaier, 2014)。在连续挤奶奶牛产奶前 6 d 检测到乳腺分泌物中的母源抗体(Baumrucker 等,2014)。与正常干奶期至少 42 d 的奶牛相比,无干奶期的奶牛第一次挤奶的初乳容量较低,IgG 浓度较低(Baumrucker 等,2014),连续不干奶持续挤奶对催乳素峰值的影响可能是较低的初乳质量的原因。

### (四)与能量供应变化相关的乳腺代谢反应

奶牛从妊娠后期到泌乳期的转变被认为是奶牛泌乳周期中最显著、最具挑战性的时期。在泌乳期的头几天,高产奶量意味着较高的能量和营养需求;然而,围产期 DMI 的下降和本已较低的采食量并不能满足泌乳的需求。能量负平衡触发脂肪分解,使高产奶牛在产犊时面临代谢应激。在泌乳初期,奶牛易患代谢性和感染性疾病。其他因素(如在干奶期饲喂不足和过度肥胖)可能进一步加剧了代谢适应,并促进了低钙血症、子宫内膜炎等疾病的发生。

尽管有能量负平衡,奶牛在泌乳早期甚至会增加牛奶产量,而在后期泌乳阶段出现类似的能量缺乏时,牛奶产量会立即下降,以部分弥补能量和营养的缺乏(图 3-3)。在泌乳早期相似生产性能水平的情况下,不同农场甚至是同一农场内对能量负平衡的适应性反应也存在差异性(Gross 和 Bruckmaier, 2015)。值得注意的是,代谢负荷的增加并不等于动物健康状况不佳。泌乳早期代谢负荷的高或低与最终获得的终生产奶量无关(Gross 等,2016)。

### (五)与能量和营养平衡有关的内分泌适应

生长激素(GH)、胰岛素样生长因子 1(IGF-1)、IGF 结合蛋白(IGFBP)以及 GH 和 IGF 的受体在营养物质向乳腺的分配中起着至关重要的作用。尽管在泌乳早期外周组织的胰岛素敏感性降低,为乳的合成提供营养,特别是在分解代谢阶段,IGFBP 介导了 IGF-1 的分布和作用(Kessler 等,2013)。在泌乳早期和随后的限制饲喂阶段，IGFBP-2 在肝脏的基因表达上调，而 IGFBP-3 的 mRNA 丰度在泌乳早期较低，在泌乳中期较高（Gross 等，2011）。血浆 IGF-1 浓度、mRNA 丰度和相关 IGFBP 蛋白水平之间的关系与泌乳阶段无关（Kessler 等，2013）。但是，GH-IGF 轴不是严格设置的；循环中的 IGF-1 浓度与当前的营养有效性密切相关，当能量和营养缺乏加剧时（与能量缺乏较轻微的动物相比），IGF-1 浓度进一步降低（Zbinden 等，2017）。在泌乳中期分解代谢阶段也观察到了 IGF-1 类似的反应，尽管其程度低于泌乳早期（Kessler 等，2013）。这些发现强调了 IGF-1 在控制营养分配以及在整个泌乳过程中乳腺代谢优先级的改变方面的关键作用。在相同品种具有遗传差异的奶牛品系中，其泌乳性能的差异可以用不同的 IGF-1 和 GH 水平来解释（Grala 等，2011）。由于 IGF-1 浓度与当前代谢负荷相关（Zbinden 等，2017），类似的适应反应在不同的泌乳阶段反复发生。IGF-1 最近被讨论作为奶牛恢复力和代谢稳定性的标记物（Gross 和 Bruckmaier，2015；Bruckmaier 和 Gross，2017；Ha 等，2017）。与生长激素水平升高相关的低 IGF-1 浓度的反馈引起的特征性短暂损失（生长激素轴的解耦）触发了身体脂肪组织的脂解。同时，低胰岛素分泌和乳腺外周组织的低胰岛素敏感性抑制了循环营养物质的再摄取，并额外支持了脂肪的分解（De Koster 和 Opsomer，2013）。奶牛在分娩后不久脂联素的浓度最低（Singh 等，2014），提示脂联素可能有助于胰岛素抵抗的发展，并可能刺激肝脏葡萄糖异生作用。随着胰岛素敏感性的降低，在泌乳早期观察到脂联素和瘦素浓度的降低进一步支持了葡萄糖向乳腺的转移（Singh 等，2014），而此时外周组织没有显著地吸收葡萄糖。与此同时，在泌乳中期随后诱导的 NEB 中，胰岛素、瘦素和脂联素仅发生轻微的反应，表明乳腺的代谢优先级较低（Gross 等，2011；Singh 等，2014）。

## 五、过瘤胃胆碱在脂肪代谢调控中的作用

围产期（产前 3 周至产后 3 周）奶牛处于能量负平衡状态，导致脂肪组织分解，大量非酯化脂肪酸（NEFA）流入肝脏。适度脂解和适量 NEFA 释放对于奶牛成功应对能量负平衡是有益的；但过度脂解会导致高浓度 NEFA 流入肝脏，超出肝细胞氧化脂肪酸提供能量的能力和整合酯化脂肪酸进入极低密

度脂蛋白(VLDL)的能力,就会导致甘油三酯在肝脏积聚,进一步发展为脂肪肝,给奶牛健康和福利带来严重的挑战,影响奶牛生产效益。肝脏甘油三酯能以 VLDL 的形式转运出肝脏,经由血液循环被机体各组织利用。胆碱是 VLDL 的重要组成成分,可促进 VLDL 的合成,同时还可作为肉毒碱的甲基供体,加快肝脏中脂肪酸的β-氧化,降低肝脏沉积。由于瘤胃微生物对日粮中胆碱的广泛降解作用,奶牛肝脏合成 VLDL 的能力先天性较低。因此采用过瘤胃保护技术添加胆碱对于围产期奶牛来说是有益的。

1. 围产期奶牛肝脏的代谢功能

由于泌乳的启动,奶牛分娩时的能量需求增加。由于脂肪组织动员以支持泌乳,分娩后 NEFA 的循环浓度立即增加。产犊时,肝组织对输入的 NEFA 的酯化能力增加,肝组织中 TAG 的浓度升高直至产后 1 d(Grummer,2008)。由于 NEFA 的摄入超出了肝脏的氧化能力和 VLDL 的分泌能力(图 3-5),脂肪肝综合征在过渡奶牛中很常见。

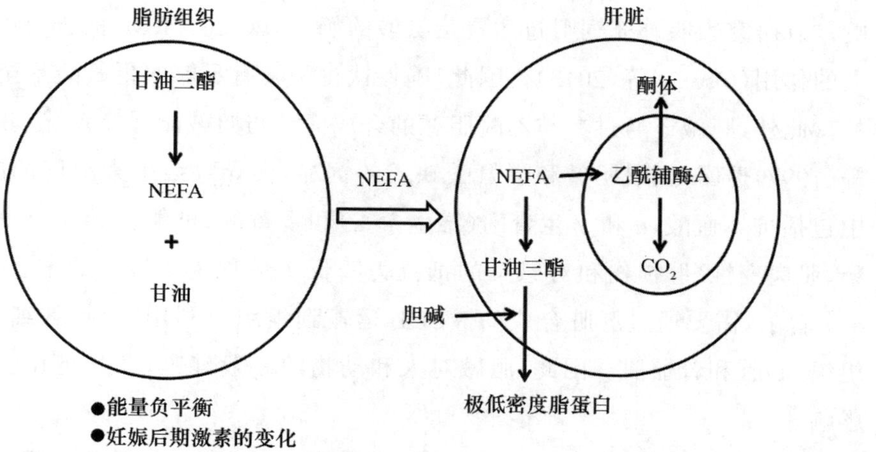


图 3-5　肝脏中脂肪的代谢途径及胆碱的作用

Wensing 等(1997)将脂肪肝按肝湿重中 TAG 的百分比进行分类。通常,TAG 占肝湿重的比例小于 1%,但轻度、中度和重度 FL 的比例分别为 1～5、5～10 或>10%。肝脏中 FA 的过量摄取和脂肪肝常伴随 FA 不完全氧化,导致酮体的生产和释放增加。反刍动物的肝脏合成 VLDL 的能力天生较低,这可能部分归因于日粮中用于合成 VLDL 的胆碱的利用度较低或有限。

2.胆碱在奶牛代谢中的作用

胆碱是细胞膜的重要组成部分，主要以卵磷脂（磷脂酰胆碱，PC）和溶血磷脂酰胆碱的形式存在，在细胞结构和活动中起着至关重要的作用。胆碱也是合成神经递质乙酰胆碱的必要条件，它参与了肝脏中 FA 的代谢，并作为一个甲基的供体。

胆碱经常被错误地归类为维生素 B 复合物的一员，但它不符合维生素的条件（Lima 等，2007），因为①胆碱需要更多的量；②它不作为酶反应的辅因子；③它可以内生合成。由于瘤胃微生物的广泛降解，反刍动物体内的胆碱生物利用度非常低（<30%）。然而，胆碱可以在肝脏中由蛋氨酸合成；因此，代谢池中的蛋氨酸水平是决定不同代谢途径中胆碱生物利用度的重要因素。

胆碱是甲基代谢中甜菜碱的直接前体。作为甲基供体，胆碱参与了涉及叶酸和维生素 $B_{12}$ 的转甲基化反应，如蛋氨酸和肉碱合成和 DNA 甲基化。磷脂酰胆碱（PC）合成受甲基供体生物利用度，代谢池中胆碱和蛋氨酸水平的影响。有研究表明补充饲喂过瘤胃蛋氨酸的奶牛，PC 在 VLDL 的合成中发挥更大的作用（Osorio 等，2013）。因此，确保饮食中含有足够的蛋氨酸是至关重要的。此外，胆碱还通过参与乙酰胆碱的合成而参与胆碱能神经系统。Henning 等（1997）透露，饲喂胆碱和蛋氨酸缺乏的饲料，会导致维生素浓度的减少，其中包括抗坏血酸，α 和 γ-生育酚（维生素 E）和视黄醇，可能会导致上皮细胞感染、肌肉变性、肝损伤和对感染的抵抗力降低。最具生物活性的维生素 E，即 α-生育酚，需要通过肝脏合成的 VLDL 运输到组织中利用，包括红细胞、脂肪组织、心脏和骨骼肌。因此，胆碱对人和动物的一般健康，尤其是免疫有间接影响。

在分娩时的生理变化，以及泌乳早期的能量负平衡，导致肝脏摄入 NEFA 增加，对肝脏代谢 FA 提出了更高的要求。对于非反刍动物，PC 的利用度是影响 VLDL 输出速率和肝脏聚集 TAG 易感性的主要因素。在反刍动物可能也如此，日粮中胆碱的低利用度，以及由于肝脏摄入 FA 的增加引起的 VLDL 输出的更高要求，使过渡期奶牛更容易发生脂肪肝。

限制饲喂的干奶牛或过渡期奶牛日粮中加入 RPC，可能会促进肝脏 TAG

的分泌。这表明,在过渡时期的奶牛中,胆碱应被视为一种重要的营养物质。然而,没有足够的剂量反应数据来明确说明过渡奶牛的胆碱需求。

3.过瘤胃胆碱添加与生产性能

有关在围产期奶牛日粮中添加 RPC 对其产奶量影响的报道并不一致,可能跟过瘤胃胆碱开始添加的时间、添加持续时间、添加水平和试验牛的体况水平等因素有关。Zahra 等(2006)研究显示,在围产前期至产后 28 d 这一时期,日粮中添加过瘤胃胆碱(14 g/d)可显著提高奶牛分娩后 60 d 内的产奶量,且饲喂过瘤胃胆碱的奶牛比未饲喂的奶牛平均每天多产奶 1.2 kg,对于肥胖奶牛(BCS≥4.0)的效果更显著,饲喂 RPC 组的平均每天产奶量比未饲喂 RPC 组多 4.4 kg。这一现象表明,将 RPC 应用到围产期奶牛的生产中可提高奶牛的生产性能,且有持续的效果。国外对 11 项研究的数据分析表明,当过瘤胃胆碱添加量超过 40 g/d (>10 g/d 的氯化胆碱)时,过瘤胃胆碱的添加量与产奶量呈正相关(Pinotti 等,2010)。

蛋氨酸是泌乳牛的限制性氨基酸,饲粮中添加蛋氨酸可提高产奶量,改善乳成分。蛋氨酸和胆碱在机体内作为一种重要的甲基供体,它们可以相互转化,所以在奶牛日粮中添加过瘤胃胆碱理论上会对乳成分产生影响。研究发现,RPC 具有提高乳脂率或乳蛋白率的作用,也有研究发现 RPC 能够同时提高乳脂率和乳蛋白率。Zom 等(2011)在产前 21 d 至产后 42 d 的奶牛日粮中添加 60 g RPC(有效胆碱为 14.4 g),结果发现添加 RPC 对奶中所含乳蛋白、乳脂和乳糖的比例无影响。关于 RPC 对奶牛乳脂率影响的作用机理尚不清楚,可能是提高了体内可合成乳脂肪的前体物质乙丁酸的比例,也可能是由于胆碱动员了体内脂肪和脂肪酸的运输,提高了肝脏能力,满足了奶牛泌乳时期对能量的需求。

4.过瘤胃胆碱对能量代谢的调控

血浆中 BHBA 和 NEFA 的浓度常被用作奶牛能量状况的指标。有的研究也指出过瘤胃胆碱没有对血清 NEFA 浓度产生影响,也有研究认为过瘤胃胆碱添加降低了血液 NEFA 浓度。血浆 NEFA 浓度的降低似乎并不是因为脂解水平的降低,而可能归因于细胞内 NEFA 缓冲和运输的改善,以及碳水化合物代谢能力的提高等。有些研究发现过瘤胃胆碱添加对围产期奶牛血液

BHBA 浓度有降低的效果，这归因于胆碱在肝脏基因网络促进 VLDL 合成和输出中发挥的积极作用。胆碱促进围产期奶牛的能量平衡的途径可以归纳为以下 3 个方面：①降低血液瘦素水平，进而提高干物质采食量，增加碳水化合物、蛋白质（氨基酸）等营养物质的摄入量；②加快肝脏脂肪转运，缓解肝脏代谢压力，增强肝脏糖异生能力，最终促进机体葡萄糖营养平衡；③促进肝脏脂肪酸的 β-氧化，增加能量供应（Shahsavari 等，2016）。

5. 过瘤胃胆碱对奶牛健康的影响

有研究在分娩前 25 d 至分娩后 80 d 之间，每天补充 60 g 过瘤胃胆碱（含 15 g 氯化胆碱），可降低临床酮症的发生率和发病率，也可降低乳腺炎的发生率。在妊娠的最后 21 d 补充 15 g/d 胆碱的奶牛，胎衣不下的发生率较低，但补充了 RPC 的奶牛发烧的发生率更高，更容易患子宫炎（Lima 等，2012）。过瘤胃胆碱对奶牛免疫功能的影响及其机制还有待于进一步研究。研究表明，维生素 E 在血液循环中主要以 VLDL 的形式运输，因此，胆碱可能通过调控 VLDL 的合成而提高奶牛维生素 E 水平，进而增强机体抗氧化能力，但这方面的研究还比较少。Pinotti 等（2010）研究表明，产前 14 d 开始在饲粮添加 20 g /d RPC（试验期 45 d）可提高奶牛血浆维生素 E 水平，这提示围产期添加 RPC 还可提高奶牛抗氧化功能，但这需要更多的试验支持。

综上所述，胆碱是神经递质乙酰胆碱的重要营养物质，对神经递质乙酰胆碱、细胞膜结构和功能以及肝脏 VLDL 合成具有重要作用。在泌乳早期出现能量负平衡的奶牛，由于肝脏无力应对大量的 NEFA 流入，会发展为中度至重度脂肪肝综合征。补充胆碱可以补充膳食胆碱，以满足日益增长的合成 PC 的需求，涉及 TAG 从肝脏输出。考虑到天然膳食胆碱广泛的反刍性降解，以及在过渡时期大量的 FA 流入肝脏，我们有理由假设过渡时期的奶牛体内胆碱缺乏。为了支持这一假设，补充 RPC 可以减少过渡时期奶牛肝脏中标记的积累。在过渡牛中，RPC 补充的好处已经在动物水平（增加产奶量）、器官水平（减少肝标记）和细胞水平（增加 MTTP 和 ApoB100 mRNA 的表达）上观察到。需要进一步研究以确定过渡时期奶牛的 RPC 的最佳饮食水平，并更准确地阐明胆碱的作用机制。

## 六、体况评分在围产期奶牛健康评估中的应用

奶牛围产期的最重要生理特点是能量负平衡，是脂肪储备动员的关键期，也是发生能量代谢紊乱的重要风险节点。奶牛能量储备的高低、脂肪组织动员的多少都决定着奶牛能否成功应对能量负平衡的挑战。预估围产期奶牛的能量平衡状态主要依据奶牛产后 BCS 变化量和产前体况评分(BCS)。

1. 奶牛体况评分概述

奶牛体况评分(body condition score，BCS)是主要依据奶牛体内脂肪沉积，用于直接评估奶牛脂肪的储备水平，间接评估奶牛能量积蓄程度，衡量奶牛能量代谢状况，是牛场奶牛的生产效率、营养管理水平、繁殖性能和健康水平等的初步反映，是奶牛饲养管理过程中最重要的工具之一。我国大型牧场大多借助体况评分技术监测牧场的管理，掌握奶牛的营养状况，及时发现并调整饲养管理方案，从而提高奶牛的生产性能，增加牧场经济效益。

(1)奶牛体况评分的发展现状　长期以来，奶牛经营者将体重作为衡量奶牛能量储备的简单方法。但体重比较容易受到分娩、泌乳期、体型、妊娠期及品种等因素的影响。而且，泌乳早期奶牛组织动员的情况可能会被同期采食量的逐渐增加所引起的体重增加所掩盖，因此体重的变化并不能准确反映脂肪储备和脂肪组织动员情况。20 世纪 70、80 年代先后引入多个评价系统，用于对奶牛的能量储备进行主观评价，并对其进行评分，以反映出奶牛的表观肥胖程度，这些分数被称为“体况评分”。Lowman 和他的同事们率先为奶牛引入了用于肉牛分级的 BCS(0～5 分制)标准。随后，体况评分系统在世界范围内进行了独立发展，其中英国将其进一步细化为 6 分制，澳大利亚发展为 8 分制，美国则建立了 5 分制，新西兰出台了 10 分制 BCS 系统。但无论使用何种评分制，其分值所代表的动物肥瘦程度均一致，即低值表示消瘦，高值等同于肥胖。我国现在使用最广泛的评分标准为美国的 5 分制 BCS 系统，该系统每 0.25 分为 1 个增量单位，1.00 分为最低分值，反映瘦牛体况，表示严重瘦弱；最高分值为 5.00 分，表示牛体况过于肥胖。

(2)体况评分的有效性和局限性　多项研究总结了 BCS 在能量储量估算中的有效性，认为 BCS 与奶牛身体脂肪比例之间存在强正相关关系。Waltner 及

其同事(1994)还对针对体脂肪库(肾周脂肪库、肠系膜脂肪库、网膜脂肪库、皮下脂肪库)的几种评价方法进行了评估,认为 BCS 与体脂之间具有较强的相关性($r^2=0.83$),这种相关性仅次于腹部脂肪细胞直径测量所获得的结果。

虽然现代 BCS 系统更加完善与准确,但也必须认识到这些评分系统的局限性。BCS 能较准确地评估奶牛皮下脂肪水平,但对肌肉间及肌肉内脂肪的预测效果相对较差。肌肉间及肌肉内脂肪是机体主要的脂肪储存部位,包含全身脂肪总量的 35%~45%。尽管皮下和“内部”贮库中的体脂变化通常是成比例的, BCS 在皮下脂肪较少的奶牛中的应用可能不太准确。现在已经可以运用热成像仪和数字图像处理技术等技术进行自动的体况评分,其预测值与专业人员相比,评定分数值更具客观性,而且效率和准确度更高。

2. 人工体况评分的方法

体况评分是利用视觉和触觉来评价腰部、臀部和尾根部的脂肪覆盖情况,从 1~5 进行打分,级差为 0.25 分,在评分之前要准确掌握评分部位的解剖结构,在体况评分中最重要的评定部位是荐骨、坐骨、荐骨韧带、尾基韧带、腰角、髋关节、短肋,主要由于这些部位的脂肪储量和奶牛体内脂肪含量相关(李吉楠等,2013)。

**步骤 1　识别奶牛体况评分关键部位**　明确奶牛以下的关键识别部位:腰椎横突、髋结节、髋关节、坐骨结节、荐骨韧带、尾根韧带(图 3-6)。

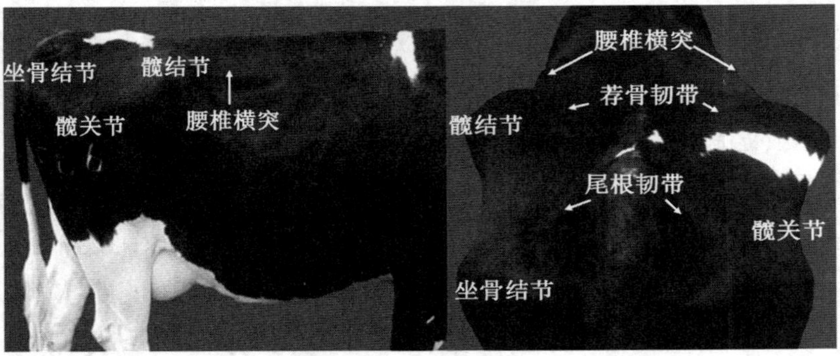


图 3-6　奶牛体况评分的关键识别部位

**步骤 2　初步评分**　体况≤3 分与>3 分的区分(图 3-7)

①体况≤3 分牛：站在牛的侧面进行观察，如果髋关节到髋结节和坐骨结节间所呈现的角度呈“V”字形。

②体况>3 分牛：站在牛的侧面进行观察，如果髋关节到髋结节和坐骨结节间所呈现的角度呈“U”字形。

③不能明确地确定“U”字形或者“V”字形，转到牛的屁股后面观察髋关节到髋结节和坐骨结节间部位，如果角度呈尖角，分值应该≤3 分，如果这个部位呈现的形状比较圆润，那么分值就>3 分。

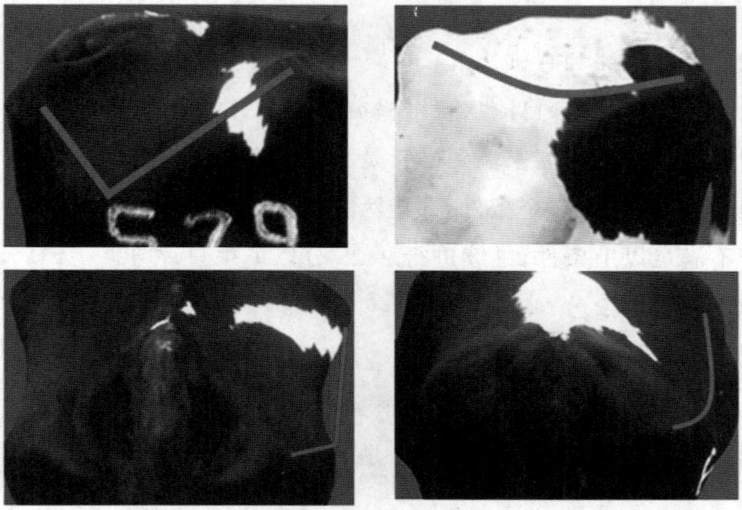


BCS≤3分　　BCS>3分

**图 3-7　奶牛体况评分≤3 分与>3 分**

**步骤 3**　体况≤3 分牛只评分(图 3-8)

■ 体况评分＝3 分

①髋关节到髋结节和坐骨结节间所呈现的角度呈“V”字形。

②髋结节是圆润的。

③同时满足①、② 2 个条件，评定为 3 分。

④若不满足以上条件，继续进行 3 分以下牛只评分。

■ 体况评分＝2.75 分：

①髋结节呈尖角。

②坐骨结节处是丰满的，有明显的脂肪垫。

③同时满足①、② 2 个条件,评定为 2.75 分。

④没有明显的脂肪垫,则低于 2.75 分,继续进行 2.75 分以下牛只评分。

■ 体况评分=2.5 分

①坐骨结节处没有明显的脂肪垫。

②通过触摸坐骨结节处脂肪的厚度,有脂肪覆盖。

③同时满足①、② 2 个条件,评定为 2.5 分。

④无脂肪覆盖,则低于 2.5 分,继续进行 2.5 分以下牛只评分。

■ 体况评分=2.25 分

①观察腰椎横突和脊椎。

②找到腰椎横突处,目测从腰椎横突末端到脊椎的距离。

③明显可见腰椎横突末端到椎骨是 1/2 的宽度。

④同时满足②、③ 2 个条件,评定为 2.25 分。

⑤若不满足以上条件,继续进行 2.25 分以下牛只评分。

■ 体况评分=2 分

①观察腰椎横突和脊椎。

②找到腰椎横突处,目测从腰椎横突末端到脊椎的距离。

③明显可见腰椎横突末端到椎骨是 3/4 的宽度,评定为 2 分。

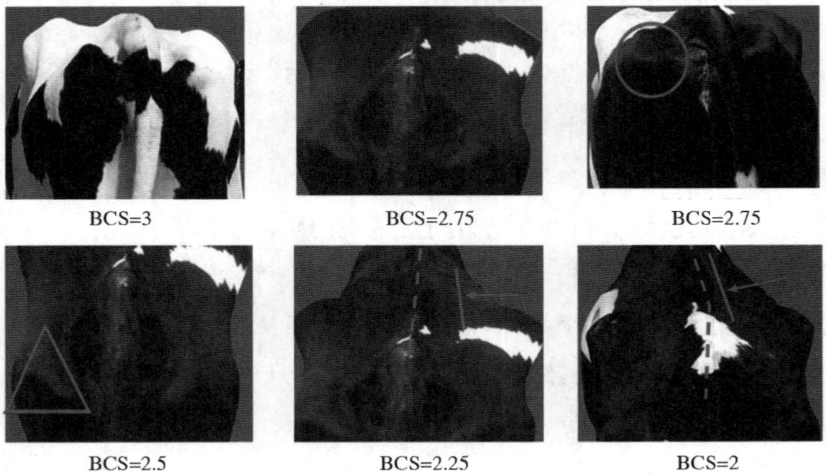


**图 3-8 奶牛体况评分≤3 分**

**步骤 4**　体况＞3 分牛只评分(图 3-9)

■ 体况评分 = 3.25 分

①超过 3 分的牛只,需观察尾根和荐骨韧带。

②可以明显地看见 2 个韧带,评定为 3.25 分。

■ 体况评分 = 3.5 分

①观察尾根和荐骨韧带。

②有部分尾根韧带被脂肪覆盖,评定为 3.5 分。

■ 体况评分 = 3.75 分

①观察尾根和荐骨韧带。

②不能看见明显的尾根和荐骨韧带,评定为 3.75 分。

■ 体况评分 = 4 分

①观察髋关节,腰椎横突,坐骨结节和髋结节。

②观察髋结节和坐骨结节,髋结节和坐骨结节间充满脂肪。

③腰椎横突顶端可见。

④同时满足②、③ 2 个条件,评定为 4 分。

■ 体况评分 = 4.25 分

①观察髋结节和坐骨结节,髋结节和坐骨结节间充满脂肪。

②隐约可见腰椎横突顶端。

③同时满足①、② 2 个条件,评定为 4.25 分。

■ 体况评分 = 4.5 分

①观察髋结节和坐骨结节,髋结节和坐骨结节间充满脂肪。

②腰椎横突顶端不明显。

③坐骨结节不明显。

④同时满足①、②、③ 3 个条件,评定为 4.5 分。

■ 体况评分 = 4.75 分

①观察髋结节和坐骨结节,髋结节和坐骨结节间充满脂肪。

②腰椎横突顶端不明显。

③坐骨结节和髋结节都不明显。

④同时满足①、②、③ 3 个条件,评定为 4.75 分。

■ 体况评分＝5 分

①所有突出的骨头呈现出圆润和脂肪覆盖。

②尾根处有明显脂肪囤积。

③同时满足①、② 2 个条件，评定为 5 分。

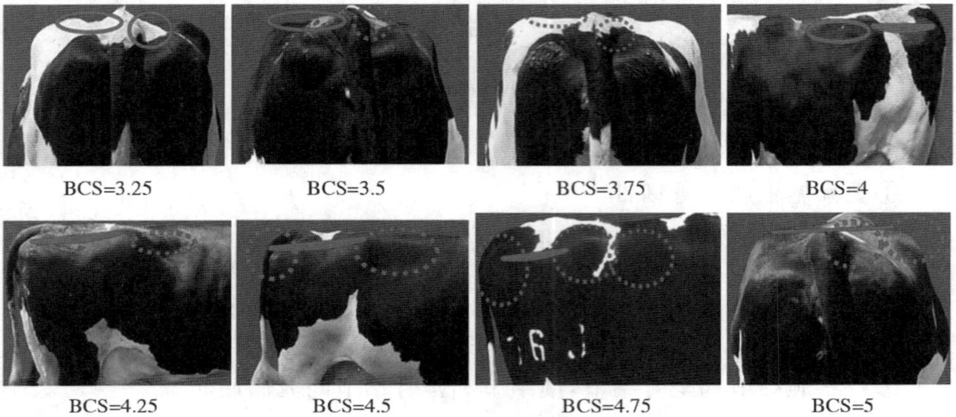


**图 3-9　奶牛体况评分＞3 分**

3. 体况评分与奶牛生产性能

多年来，奶牛选育的主要关注点一直是产奶量。多项研究证实奶牛产奶量的增加与脂肪组织中脂解酶活性的增强，以及与体脂动员相关基因表达量增加有关（Sumner 等，2007），由此断定能量储备是牛奶生产的关键组成部分。然而，BCS 和 BCS 的变化与产奶量之间的相关性并不明确，有的数据还得出相反的关系。如有研究报道了 BCS 与产奶量的正相关（Garnsworthy 和 Topps，2010），也有的研究报道了两者之间的负相关（Stockdale，2001）。这些看似矛盾的结果表明 BCS 与产奶量之间可能存在非线性关联。

人们普遍认为奶牛 BCS 与 DMI 呈负相关。产后 BCS 的损失以及负能量平衡的严重程度随着分娩 BCS 的增加而增加。在确定最佳 BCS 时，必须考虑 BCS 对 DMI 的影响。但是目前 BCS 对 DMI 的影响机制尚未完全揭示。由脂肪细胞分泌的瘦素被认为是调控 DMI 的主要信号，但瘦素的表达和分泌受外部环境以及对代谢状况敏感的其他激素系统的调控（Chilliard 等，2005；Blache 等，2006）。

但多数文献提出了能够获得最高奶产量的最佳分娩 BCS 值为 3.0～3.5，高于此值就会出现产奶量和乳蛋白的降低（尽管乳脂率与 BCS 存在正相关），建议分娩后 BCS 的损失不应超过 0.5～1.0 个 BCS 单位。分娩和泌乳早期 BCS 通常与乳脂和乳蛋白含量呈正相关。

4. 体况评分与奶牛健康

尽管越来越多的公众认为体况较差的牛的福利会受到损害，但几乎没有研究支持或反驳这一假设。之前的研究表明，奶牛的过度肥胖以及由此导致的产后更多的 BCS 损失，会损害健康，以及改变淋巴细胞和肝脏的功能。由此我们认为奶牛的能量平衡/状态和健康之间存在一定的关系，瘦牛或负能量平衡严重的牛更容易受到感染，而奶牛健康状态不佳时会导致干物质摄取量降低，由此引发身体组织动员加大，以满足产奶量的需求，进而影响到奶牛体况。

大多数围产期代谢性疾病源于奶牛体况评分的过度下降、营养不良或者代谢状态未能从妊娠期向哺乳期过渡。越来越多的证据表明，奶牛健康状况和日常管理之间存在着联系，操作不当可能会引发奶牛代谢性疾病（如脂肪肝、乳热、酮病）和其他感染性疾病。

（1）BCS 与围产期奶牛脂肪肝　脂肪肝，或者称为肝脂肪变性，可能是围产期奶牛体况过剩相关的代谢紊乱。当肝脏对 NEFA 的摄取超过其氧化和分泌速度时，会导致肝脏中 TAG 的过度积累，这主要发生在奶牛产后前 4 周的某些时间点（Bobe 等，2004）。脂肪肝通常发生在分娩时体况过剩的奶牛中，导致其干物质摄取量急剧下降，并发生不可逆转的能量负平衡状态。然而，脂肪肝也可能发生在体况未过剩的奶牛身上。据报道，高达 50% 的奶牛在泌乳早期会受到脂肪肝的困扰（Jorritsma 等，2001）。

从生物化学的角度来看，牛肝脏酯化 NEFA 的速率与单胃动物类似，但是反刍动物肝脏输出 TAG 的速率要显著低于其他动物。这一特征是造成奶牛产后几周肝脏 TAG 持续累计的原因（Roche 等，2013）。

（2）BCS 与围产期奶牛产乳热　Roche 和 Berry（2006）报道了 BCS 和奶牛产乳热发生率之间的非线性关系。与分娩时体况得分为 3 的奶牛相比，分娩时体况得分＜2.5 或者＞3.5 的奶牛患产乳热的概率分别增加了 13% 和

30%。分娩时体况过剩的奶牛更易患产乳热，可能是由奶牛产后干物质摄取量下降和组织储备分解代谢导致产奶量增加共同造成的。但分娩时体型过瘦奶牛（BCS＜2.5）产乳热发生率增加的原因尚不清楚，因为一般来说，分娩前处于能量负平衡状态的奶牛比营养过剩的奶牛能够更有效地控制血钙浓度。所以，上述现象可能反映了过瘦奶牛整体健康状态不佳，没有维持血钙的能力，而不是低体况得分本身对血钙的影响。

（3）BCS 与围产期奶牛酮症　据报道，奶牛分娩时体况得分和分娩后体况得分损失率之间存在着中度相关性，这意味着分娩时体况过剩的奶牛在泌乳早期会动员更多的脂肪（Roche 等，2007）。由于产前体况过剩会导致产后干物质摄取量下降，产奶量的升高使得乳糖需求增加（导致肝脏糖异生），肝脏草酰乙酸可能成为 FA 氧化的限制因素，FA 和酮体将会积累。与此一致的是，其他研究报道了与分娩时体况得分为 3.25 的奶牛相比，分娩时体况得分大于 3.5 的奶牛患酮症的风险加倍（Gillund 等，2001）。分娩时体况得分为 3.0 并在产后进行限饲的奶牛，其血浆 BHB 浓度要比分娩时体况得分为 2.85 并同样进行产后限饲的奶牛高 50%～100%。这些数据以及分娩时奶牛体况得分增加 0.25 就能使酮症的发病率增加一倍的现象表明，奶牛对体况得分的微小差异非常敏感。

（4）BCS 与围产期奶牛感染　分娩时体况得分较高的奶牛在泌乳期间发生临床乳腺炎的概率更高。然而，Heuer 等（1999）研究认为较瘦的奶牛患子宫炎的风险更大。这表明 BCS 与感染之间的关系是非线性的，BCS 得分极端的奶牛感染的风险更大。目前尚不清楚为什么泌乳早期肥胖奶牛更容易出现高体细胞数指征和临床乳腺炎。但值得注意的是，酮症更容易发生在分娩时体况过剩的奶牛身上，而酮症的发生使得奶牛更易患临床乳腺炎（Gillund 等，2001）。由此我们推测奶牛肥胖导致的代谢紊乱与感染性疾病之间存在一定的联系。另外感染与 BCS 之间的关系因奶牛胎次的不同而呈现出不同的相关性。据 Berry（2007）报道，首次和第二次分娩的奶牛泌乳早期 BCS 和 SCC 之间表现出负相关性，而第三次及三次以上分娩奶牛则表现出正相关性（即 SCC 随着产后 BCS 的增加而增加）。据以上研究结果我们推测，年轻奶牛在过瘦的情况下更易发生感染和炎症，而分娩时体况过剩（BCS＞3.5）引发的代谢紊乱增加了奶牛患乳腺炎的风险。

（5）BCS与胰岛素抵抗　胰岛素以及组织对胰岛素的敏感性在调节组织间能量分配以及调控脂肪生成和脂肪分解的平衡方面起着核心作用。在奶牛由怀孕后期到泌乳早期的过渡阶段，胰岛素抵抗（IR）的发生发展是一个重要的协调适应过程。该机制有助于奶牛在营养和能量缺乏的条件下，通过促进外周组织（主要是脂肪组织）中的能量储备的释放，减少外周组织对葡萄糖的利用，保证泌乳的需求。一般来说，胰岛素会激活体内负责能量储存的通道，如葡萄糖摄取、脂肪生成和糖生成等。在脂肪组织中，胰岛素信号转导开始于胰岛素与其受体（INSR）的结合。由此产生的细胞内级联反应主要通过PI3K/AKT/mTOR通路促进胰岛素依赖型葡萄糖转运体4的表达、易位和与细胞膜融合，进而诱导脂肪组织对葡萄糖的摄取。而胰岛素抵抗会抑制脂肪组织对葡萄糖的摄取，促进脂肪分解，过度的脂解会导致血液中高浓度的NEFA和$\beta$-羟丁酸（beta hydroxybutyric acid，BHBA）积聚，从而导致奶牛健康问题。奶牛营养水平是影响胰岛素敏感性和胰岛素信号通路的重要因素（Mann等，2016）。已知产前肥胖或高BCS的奶牛在围产期间更容易发生脂肪过度动员（De等，2016），并与泌乳早期代谢紊乱的发生有密切关系。以前的研究表明过度饲喂或BCS较高的奶牛会呈现出更为显著的胰岛素抵抗（Holtenius等，2003）。最近的研究认为肥胖奶牛的脂肪组织在产前呈现出显著的胰岛素抵抗，与GLUT4的生成减少有关，而奶牛BCS并未影响产后脂肪组织的胰岛素抵抗（Jakson等，2018）。

## 第二节　不同胎次对围产期奶牛代谢和健康的比较

围产期是奶牛从妊娠非泌乳阶段到非妊娠泌乳阶段的过渡时期，也是奶牛生产中最重要的一个时期。能否有效应对过渡阶段能量负平衡带来的各种挑战成为围产期奶牛管理的关键。有研究表明，不同胎次奶牛在产奶量、发病率和繁殖性能方面具有不同的特点。研究表明，围产期头胎和经产牛在生活习性方面有较大差别。与经产牛相比，头胎牛干物质采食量较低且采食时间更长；躺卧频率增加，但每次躺卧的时间更短，需采取不同的围产期管理措施。本研究拟通过比较头胎奶牛和经产奶牛在围产阶段产后生产性能和部分血清生化指标的变化特点，为不同胎次奶牛的围产期饲养管理提供参考。

## 一、材料与方法

### （一）试验动物

在北京某规模化奶牛场，选取预产期在 30 d 后、临床健康的头胎和经产奶牛（2～4 胎次）各 10 头。两组奶牛产前体况评分均处于 3.0～3.5 之间（5 分制）。所有奶牛均饲喂于同一牛舍，按照《中国奶牛饲养标准》饲喂全混合日粮，即预产期前 30d 内饲喂干奶后期日粮，产后饲喂新产泌乳牛日粮。试验期为 47 d，即从产前 7 d 到产后 40 d。

### （二）样品采集

按照预产期，分别于产前 7、4、2、1 d，产后 0、1、2、4、7、14 d 晨饲前尾静脉采血 10 mL，现场分离血清，分装待检。产后 11～40 d 每天记录产奶量。在产后 30d 时采集新鲜乳汁 20mL，待检。

### （三）检测指标

血清样品：使用全自动临床生化分析仪检测血清中葡萄糖、甘油三酯和血钙浓度（生化检测试剂盒均购自中生北控生物科技股份有限公司）。应用商业化的 ELISA 试剂盒（均购自武汉华美生物工程有限公司），通过酶标仪（Model680，BIO-RAD，美国）对血清非酯化脂肪酸（non-esterified fatty acids，NEFA）、$\beta$-羟丁酸（$\beta$-hydroxybutyric acid，BHBA）浓度，以及血清中胰岛素（insulin）、生长激素（growth hormone，GH）和脂联素（adiponectin，ADPN）等激素水平进行检测。

新鲜乳：使用全自动乳成分测定仪检测乳成分；使用体细胞测定仪测定体

细胞数。

采用 SPSS 13.0 软件对数据进行方差分析，结果以平均值 ± 标准差表示，以 $P<0.05$ 为差异显著性判断标准。

## 二、头胎与经产奶牛围产期生产性能和血清生化指标的比较

### （一）生产性能比较

结果显示，在产后 11～40 d 时，两组奶牛的日均产奶量均稳步提高。头胎牛产奶量提高的幅度要小于经产牛。经产牛在产后第 13、16、18、20～22、27、30～33、35、37～40 天的日均产奶量均显著高于头胎牛（$P<0.05$）（图3-10）。

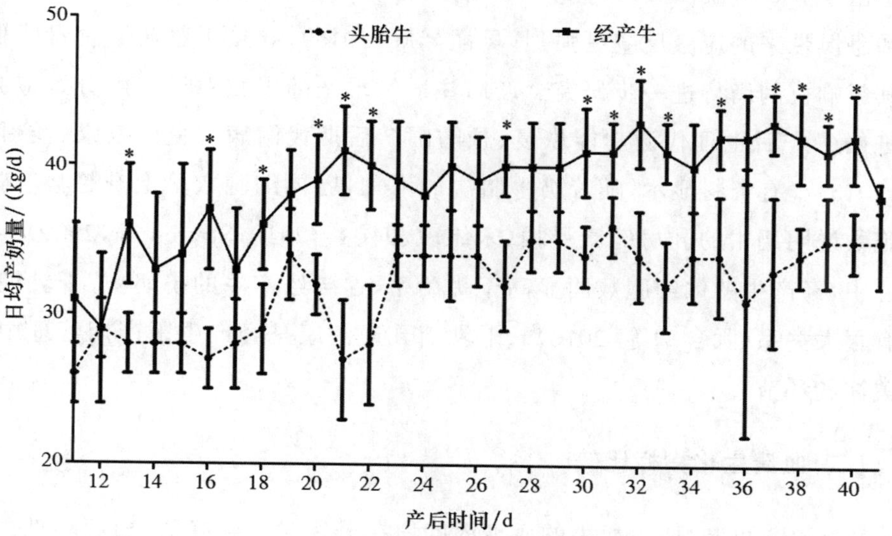


注：* 表示差异显著（$P<0.05$）；无 * 表示差异不显著（$P>0.05$）。

**图 3-10　头胎和经产奶牛泌乳早期日均产奶量**

产后 30 d 时，头胎牛与经产牛新鲜乳的乳成分和体细胞数的比较见表 3-1。由表 3-1 可知，头胎牛与经产牛乳脂、乳蛋白、乳糖和干物质含量均无显著差异（$P>0.05$），经产牛的体细胞数显著高于头胎牛（$P<0.05$）。

表 3-1　头胎与经产牛产后 30 d 时乳成分和体细胞数的比较

| 项目 | 头胎牛 | 经产牛 | $P$ |
| --- | --- | --- | --- |
| 乳脂/% | 3.54 ± 0.25 | 2.92 ± 0.29 | 0.157 |
| 乳蛋白/% | 2.73 ± 0.05 | 2.77 ± 0.06 | 0.633 |
| 乳糖/% | 5.21 ± 0.07 | 5.06 ± 0.10 | 0.262 |
| 乳干物质/% | 12.18 ± 0.34 | 11.45 ± 0.41 | 0.213 |
| 体细胞数/($10^3$ 个/mL) | 115 ± 38[a] | 820 ± 350[b] | 0.048 |

注：同行数据肩标不同字母表示差异显著($P<0.05$)。

胎次显著影响产奶量，产奶量随胎次的增加呈现先升后降的规律(魏琳琳等，2015)。在本研究中，头胎牛在泌乳早期的日均产奶量明显低于经产牛，可能是由于分娩应激所致。与经产牛相比，首次经历分娩的头胎牛可能会对疼痛和恐惧带来的应激反应更强烈(贝丽琴等，2015)，导致干物质采食量降低，但其影响机制尚待进一步研究。产后注射氟尼辛葡甲胺对于缓解分娩应激、促进奶牛产后生理代谢功能恢复、预防围产后期代谢病有良好效果(侯引绪等，2015)。有资料显示，随着奶牛胎次的增加，乳体细胞数呈上升趋势，高体细胞数说明奶牛的乳房健康受损(宋维政和侯鑫，2010；Straten 等，2009)。本研究中，经产牛的体细胞数明显高于头胎牛，这与经产牛的挤奶史、干乳期管理有很大关系(阮含章等，2016)。干乳期乳房健康是经产牛围产期管理中需要关注的环节。

### (二)血清生化指标比较

由表 3-2 可知，两组奶牛的血糖浓度均在分娩时达到峰值，随后降低。分娩当天，头胎牛的血糖浓度显著低于经产牛($P<0.05$)，在分娩前第 4 天和分娩后第 2、4 天时，头胎牛的血糖浓度显著高于经产牛($P<0.05$)，其他时间点两组奶牛血糖浓度均无显著差异($P>0.05$)。两组奶牛在分娩后甘油三酯水平降低，但两组奶牛之间无差异显著($P>0.05$)。头胎牛在产前第 1、2 天，分娩当天及产后第 2 天的血钙水平显著高于经产牛($P<0.05$)。

**表 3-2　围产阶段头胎牛和经产牛血糖、甘油三酯和血钙的浓度**

| 时间/d | 血糖/(mg/dL) | | 甘油三酯/(mmol/L) | | 血钙/(mmol/L) | |
|---|---|---|---|---|---|---|
| | 头胎牛 | 经产牛 | 头胎牛 | 经产牛 | 头胎牛 | 经产牛 |
| −7 | 63.54±2.45 | 61.56±1.12 | 0.24±0.01 | 0.26±0.05 | 2.11±0.03 | 2.09±0.03 |
| −4 | 65.31±1.24$^{a}$ | 61.56±2.12$^{b}$ | 0.25±0.03 | 0.25±0.04 | 2.06±0.05 | 2.05±0.03 |
| −2 | 67.44±4.57 | 64.80±2.14 | 0.24±0.02 | 0.26±0.02 | 2.11±0.03$^{a}$ | 2.00±0.02$^{b}$ |
| −1 | 64.80±2.80 | 64.80±1.42 | 0.26±0.01 | 0.26±0.03 | 2.13±0.02$^{a}$ | 2.01±0.03$^{b}$ |
| 0 | 69.54±2.93$^{a}$ | 77.76±5.27$^{b}$ | 0.09±0.03 | 0.06±0.03 | 2.11±0.03$^{a}$ | 1.97±0.04$^{b}$ |
| 1 | 62.52±1.69 | 61.56±8.42 | 0.11±0.01 | 0.11±0.01 | 2.02±0.10 | 2.00±0.05 |
| 2 | 60.23±2.21$^{a}$ | 55.08±2.32$^{b}$ | 0.10±0.01 | 0.11±0.01 | 2.10±0.02$^{a}$ | 1.91±0.06$^{b}$ |
| 4 | 65.55±1.78$^{a}$ | 58.32±4.64$^{b}$ | 0.10±0.01 | 0.10±0.01 | 2.11±0.04 | 2.12±0.09 |
| 7 | 66.88±3.55 | 61.25±3.48 | 0.11±0.01 | 0.09±0.01 | 2.17±0.07 | 2.16±0.05 |
| 14 | 63.48±2.56 | 61.56±3.94 | 0.10±0.01 | 0.13±0.01 | 2.14±0.02 | 2.19±0.11 |

注：同行数据肩标不同字母表示差异显著($P<0.05$)。

两组奶牛的血糖水平在分娩时突然升高，且在产后迅速降低。这与前人研究结论相似(于洪江等，2016)。分娩应激刺激下丘脑-垂体-肾上腺皮质的反应过程，体内出现皮质激素作用的生理反应及促糖异生的适应性应答反应(焦淑贤等，1999；杨开红等，2013)，引起血糖的升高。但本研究中的头胎奶牛分娩时血糖升高的幅度低于经产牛，与于洪江等(2016)研究结果一致，这可能与不同胎次奶牛应对分娩应激的不同调控机理有关。葡萄糖是主要的代谢燃料，是胎儿生长和泌乳所必需的物质。与经产牛相比，头胎牛产奶量低，乳糖生成所需葡萄糖较少，因而产后出现较高水平的血糖。血清甘油三酯水平可用来判断奶牛脂肪代谢状况。奶牛分娩后甘油三酯水平显著降低，表明围产期奶牛的能量负平衡诱发的脂质代谢加强(严磊等，2017；Laeger 等，2013)。低钙血症是围产期奶牛常见的代谢性疾病之一。妊娠后期胎儿的迅速生长和分娩后泌乳的需要，导致血钙大量丢失(Horst 等，1997；Goff，2008)。如果不能及时补充丢失的血钙，就会导致奶牛产后瘫痪，发生繁殖疾病、真胃变位、乳腺炎、酮病的风险也会加大(王刚等，2016)。经产牛在产前 2d 至产后 2d 期间的血钙水平低于头胎牛。有研究指出经产牛产后瘫痪的发病率更高(张凡建等，2015），这可能与经产奶牛的高产奶量所致的钙高需求量有关。

## 三、头胎与经产奶牛围产期血脂代谢物及相关激素水平的比较

能量负平衡是围产期奶牛营养代谢病发生发展的关键环节，而脂肪动员是围产期奶牛能量负平衡的必然结果（Schulz 等，2014）。脂肪肝、酮病等营养代谢病的发生与围产期脂肪代谢紊乱密切相关，给奶牛健康和生产性能带来严重危害（Van Saun 和 Sniffen，2014）。不同胎次奶牛在围产期疾病发病率方面呈现出不同的特点（Gerloff，2000；邵大富等，2015；刘兆喜等，2012），分析原因可能与不同的物质代谢特点有关。通过比较头胎牛和经产牛血清脂代谢物及相关激素水平的动态变化特点，揭示不同胎次奶牛围产期脂肪代谢的特点和机理，为更好地调控围产期脂肪代谢、应对能量负平衡提供更多的理论依据。

采用 SAS 软件（SAS Inst. Inc.）中的混合模型程序对原始数据进行方差分析。统计分析包括分娩相对时间（Time，T）、胎次（Parity，M 和 P）的固定效应，以及分娩相对时间和胎次的交互作用。以 $P<0.05$ 为差异具有统计学意义。

### （一）奶牛胎次对围产期血清脂代谢物及相关激素水平的影响

在整个围产试验阶段，经产牛血清 NEFA 和 β-羟丁酸浓度显著高于头胎牛（$P<0.05$）；血清胰岛素、生长激素和脂联素水平在头胎牛和经产牛之间无显著差异（$P>0.05$）。血清胰岛素水平在整个围产试验阶段的不同分娩相对时间上差异显著（$P<0.05$）。胎次和分娩相对时间对血清 NEFA、BHBA、insulin 和 GH 水平有显著的交互作用（$P<0.05$）（表 3-3）。

**表 3-3　奶牛胎次对围产期血清脂代谢物及激素水平的影响**

| 检测指标 | 头胎 | 经产 | SEM | P 值 | | |
|---|---|---|---|---|---|---|
| | | | | 胎次 | 时间[1] | 胎次 × 时间 |
| 非酯化脂肪酸 NEFA/(mmol/L) | $0.50^{a}$ | $0.53^{b}$ | 0.01 | 0.03 | 0.57 | 0.003 |
| β-羟丁酸 BHBA/(mmol/L) | $0.92^{a}$ | $0.98^{b}$ | 0.02 | 0.03 | 0.32 | 0.002 |
| 胰岛素 Insulin/(μU/mL) | 25.87 | 24.97 | 0.45 | 0.16 | 0.001 | <0.001 |

续表 3-3

| 检测指标 | 头胎 | 经产 | SEM | P 值 | | |
|---|---|---|---|---|---|---|
| | | | | 胎次 | 时间[1] | 胎次 × 时间 |
| 生长激素 GH/(μg/L) | 43.33 | 41.30 | 0.89 | 0.11 | 0.29 | 0.001 |
| 脂联素 ADPN/(μg/L) | 104.74 | 99.98 | 2.76 | 0.23 | 0.13 | 0.31 |

注：a-b同行数据肩标不同字母表示差异显著($P<0.05$)；
[1]表示分娩相对时间。

## (二)血清非酯化脂肪酸和 β-羟丁酸比较

经产牛血清 NEFA 浓度在产前 1 d、分娩时以及产后 4 d 时显著高于头胎牛($P<0.05$)；经产牛血清 BHBA 浓度在产前 1 d 和产后 4 d 时显著高于头胎牛($P<0.05$)，而在产后 2 d 时显著低于头胎牛($P<0.05$)(表 3-4)。

**表 3-4　围产阶段头胎与经产牛非酯化脂肪酸和 β-羟丁酸的浓度**

| 时间/d | 非酯化脂肪酸/(mmol/L) | | β-羟丁酸/(mmol/L) | |
|---|---|---|---|---|
| | 头胎牛 | 经产牛 | 头胎牛 | 经产牛 |
| −7 | 0.54 ± 0.04 | 0.46 ± 0.04 | 0.99 ± 0.02 | 0.85 ± 0.06 |
| −4 | 0.52 ± 0.04 | 0.50 ± 0.02 | 0.88 ± 0.07 | 0.96 ± 0.08 |
| −2 | 0.49 ± 0.03 | 0.52 ± 0.03 | 0.90 ± 0.06 | 1.01 ± 0.08 |
| −1 | 0.48 ± 0.04$^{a}$ | 0.62 ± 0.05$^{b}$ | 0.87 ± 0.03$^{a}$ | 1.12 ± 0.09$^{b}$ |
| 0 | 0.39 ± 0.05$^{a}$ | 0.56 ± 0.02$^{b}$ | 0.86 ± 0.06 | 0.86 ± 0.16 |
| 1 | 0.53 ± 0.01 | 0.48 ± 0.03 | 0.92 ± 0.04 | 0.97 ± 0.05 |
| 2 | 0.55 ± 0.03 | 0.52 ± 0.04 | 1.06 ± 0.05$^{a}$ | 0.81 ± 0.04$^{b}$ |
| 4 | 0.48 ± 0.03$^{a}$ | 0.60 ± 0.03$^{b}$ | 0.81 ± 0.02$^{a}$ | 1.11 ± 0.07$^{b}$ |
| 7 | 0.51 ± 0.05 | 0.50 ± 0.03 | 0.97 ± 0.07 | 1.15 ± 0.05 |
| 14 | 0.48 ± 0.03 | 0.54 ± 0.04 | 0.92 ± 0.03 | 1.00 ± 0.08 |

注：a-b同行数据肩标不同字母表示差异显著($P<0.05$)。

## (三)血清脂代谢相关激素水平比较

头胎牛胰岛素水平在产前 2 d 至产前 1 d 时迅速升高，在分娩时降至最低值，而后缓慢升高，并于产后 2 d 后趋于平稳；经产牛胰岛素水平在产前 4 d 至产前 2 d 时降低，而后缓慢升高至产后 2 d，但在产后 14 d 时降至最低水平。经产牛血清胰岛素水平在产前 7 d、产后 2 d 和产后 7 d 时显著高于头胎牛（$P<0.05$），而在产前 2 d、产前 1 d、产后 14 d 时，显著低于头胎牛（$P<0.05$）。

头胎牛血清 GH 水平在产前 2 d 时迅速升高至最高水平，而后逐步降低直至产后 1～4 d，并于产后 7 d 又上升至较高水平。经产牛血清 GH 水平在产前 2 d、分娩时、产后 14 d 时显著低于头胎牛（$P<0.05$）。

经产牛血清 ADPN 从分娩前 4 d 至分娩后 2 d 逐步升高，而后又逐步下降。头胎牛和经产牛的血清 ADPN 水平在整个试验期的差异性不显著（表 3-5）。

**表 3-5 围产阶段头胎牛和经产牛血清胰岛素、生长激素和脂联素的浓度**

| 时间/d | 胰岛素 insulin/（μU/mL） | | 生长激素 GH/（μg/L） | | 脂联素 ADPN/（μg/L） | |
|---|---|---|---|---|---|---|
| | 头胎牛 | 经产牛 | 头胎牛 | 经产牛 | 头胎牛 | 经产牛 |
| −7 | 21.89±1.32$^{a}$ | 28.50±1.82$^{b}$ | 39.69±2.49$^{a}$ | 47.15±2.40$^{b}$ | 108±9 | 102±2 |
| −4 | 22.93±0.74 | 22.02±1.24 | 38.47±2.89 | 39.07±3.56 | 107±5 | 89±8 |
| −2 | 30.75±1.80$^{a}$ | 21.59±0.50$^{b}$ | 51.47±1.15$^{a}$ | 38.16±3.46$^{b}$ | 95±14 | 94±11 |
| −1 | 29.27±0.73$^{a}$ | 24.79±1.45$^{b}$ | 47.48±3.22 | 41.21±3.74 | 87±7 | 94±9 |
| 0 | 22.74±0.58 | 24.59±3.02 | 45.70±1.09$^{a}$ | 35.19±4.14$^{b}$ | 99±8 | 95±8 |
| 1 | 25.06±1.12 | 25.40±0.99 | 38.83±1.62 | 44.89±3.56 | 97±4$^{a}$ | 109±3$^{b}$ |
| 2 | 26.88±0.68$^{a}$ | 29.80±0.68$^{b}$ | 41.69±0.61 | 47.51±4.16 | 108±8 | 125±20 |
| 4 | 26.88±1.05 | 24.77±2.77 | 37.74±0.57 | 40.64±3.17 | 110±4 | 94±9 |
| 7 | 24.93±0.68$^{a}$ | 29.88±1.28$^{b}$ | 45.78±1.95 | 40.35±2.39 | 115±3$^{a}$ | 98±5$^{b}$ |
| 14 | 27.35±1.38$^{a}$ | 18.38±0.69$^{b}$ | 46.45±2.83$^{a}$ | 38.80±2.34$^{b}$ | 120±6 | 100±10 |

注：$^{a-b}$同行数据肩标不同字母表示差异显著（$P<0.05$）。

## （四）讨论

血清 NEFA 浓度是奶牛应答能量负平衡所致的脂肪动员的结果，直接反映出脂肪组织的分解量，能够有效评价能量平衡状态（刘国文等，2014）。而 β-羟丁酸是脂肪在肝脏中是否彻底氧化的主要指示物（Leblanc，2010）。研究结果表明，经产牛血清 NEFA 浓度从分娩前 7d 至分娩前 1d 持续升高，并达到峰值，且在产后一直维持在较高的浓度水平；而头胎牛血清NEFA浓度在围产试验阶段显著低于经产牛，且血清NEFA浓度升高的时间迟于经产牛。类似的规律也表现在血清$\beta$-羟丁酸浓度的变化上。与头胎牛相比，经产牛较早、较多地动用体脂储备来应对能量负平衡带来的挑战；NEFA的大量供应超出肝脏的氧化能力，导致酮体在血液中聚集，可能会导致脂肪肝、酮病发生的风险加大。这与其他研究结论一致（邵大富等，2015；于洪江等，2016）。头胎牛泌乳早期日均产奶量低（魏琳琳等，2015），干物质采食量和自身能量储备可以满足需求，能量负平衡程度低，减少了脂肪的动员。

激素在奶牛围产期的代谢调节过程中起着重要的作用。激素水平的改变与围产期奶牛疾病高发有着密切相关性（姚路连，2014）。胰岛素在脂肪代谢中，能够促进脂肪细胞膜对葡萄糖的转运和脂肪酸的合成及储存，抑制脂肪酶的活性，减少体内脂肪的分解与动员（刘国文和王哲，2004；Langin，2010）。本研究结果中经产牛较多、较早的脂肪动员可能与产前降低的胰岛素水平相关。对于头胎牛，产前胰岛素水平的迅速升高一定程度上抑制了体内脂肪的分解和动员，而在分娩时胰岛素水平的最低值可能与分娩造成的应激有关（王怡和刘宗平，2013；贝丽琴等，2015；杨开红等，2013）。生长激素是由腺垂体细胞分泌的肽类激素，其在脂肪和能量代谢中与胰岛素共同发挥着复杂的调控作用，即急性（短时）生长激素作用时可产生胰岛素信号正向激活作用；随着生长激素作用时间的延长，其效应逐渐变为抑制作用（del Rincon 等，2007）。与头胎牛相比，经产牛分娩前较低水平的生长激素可能与高浓度的非酯化脂肪酸的抑制作用有关（姚路连，2014）。

脂联素是由脂肪组织特异性表达的重要的脂肪细胞因子（Yamauchi 等，2001），且在循环中与肥胖呈负相关（Ryo 等，2004）。脂联素可以促进血浆中非酯化脂肪酸的氧化，提高胰岛素敏感性，增加外周组织对葡萄糖的摄取，抑制肝脏葡萄糖输出和葡萄糖再生（张辉，2007），且对调控酮病奶牛中性粒细胞免疫抑制具有重要的意义（赵志波，2017）。本研究中脂联素水平在头胎牛和经产牛之间没有显著差异性。脂联素在围产期奶牛脂肪代谢中发挥的价值作用还有待于进一步研究。

## 四、小结

头胎牛和经产牛在产后初期泌乳量和乳体细胞数及围产期血糖和血钙代谢中存在差异。在围产阶段，头胎牛产后日均产奶量显著低于经产牛；在乳成分方面，除了经产牛的乳体细胞数显著高于头胎牛之外，乳脂、乳蛋白、乳糖和乳干物质含量均无显著差异性；奶牛在分娩后甘油三酯水平降低，但头胎牛与经产牛之间无显著差异；头胎牛的血糖水平在分娩前后高于经产牛，但分娩时显著低于经产牛；与头胎牛相比，经产牛发生低钙血症的风险更大。经产牛血清 NEFA 和 BHBA 浓度在产前 1d 及产后 4d 时显著高于头胎牛，而血清胰岛素和生长激素水平在产前 2d 和产后 14d 显著低于头胎牛；头胎牛和经产牛的血清 ADPN 水平在整个试验期间差异性不显著。建议有条件的牛场重点在围产期日粮调控、干奶期乳房健康和分娩应激缓解等方面做好头胎牛和经产牛的分群管理工作。

# 第三节　产前肥胖对围产期奶牛代谢和健康的影响

奶牛分娩后启动泌乳，能量需求大大增加，而此阶段干物质采食量相对不足，导致围产后期奶牛能量负平衡状态的出现（Drackley 等，2001）。为了及时应对能量负平衡，奶牛发挥自身调节机制，对自身营养物质进行优化再分配的适应过程，包括动用身体储备的脂肪来满足营养的需求。如果奶牛不能很好地适应这个过程，就会导致代谢紊乱，继而引起脂肪肝或酮病等生产性疾病的发生（Schulz 等，2014）。更严重的是，还会影响到奶牛一生的生产效益（Saun 等，2015）。产前体况评分（body condition score，BCS）是评估奶牛身体储备脂肪的可量化的重要手段，在奶牛围产阶段的管理中发挥着重要作用。有研究推荐奶牛产前的 BCS 的最佳值为 3.0～3.5（Roche 等，2009）。为了进一步探讨产前体况评分对围产期奶牛的影响，识别导致代谢紊乱的风险因子，降低奶牛在围产期发生生产性疾病的风险，特开展此项研究。

## 一、材料与方法

### (一)动物选取与试验设计

在北京某规模化奶牛场,选取预产期在 30 d 后、临床健康的经产奶牛(2～4 胎次),根据体况评分标准(5 分制)(Ji 等,2012),将奶牛分为两组:正常组,3.0 ⩽ BCS<3.5,10 头;肥胖组,BCS ⩾ 4.0,10 头。两组牛的 BCS 值差异极显著($P$<0.01)。试验期间,所有奶牛均可自由饮水,按照《中国奶牛饲养标准》饲喂相同日粮,即产前 30 天内饲喂干奶后期日粮,产后饲喂泌乳早期日粮。每日 3 次饲喂(7:00、12:00 和 19:00)。表 3-6 列出了试验期间奶牛的日粮组成(干奶后期和泌乳早期)。在泌乳期间,分别于 05:30、10:30 和17:00 3 次挤奶。

**表 3-6 试验期间奶牛基础日粮的原料和营养组成(以干物质为基础)**

| 原料和营养组成 | 干奶后期 | 泌乳期 |
|---|---|---|
| 原料 Ingredient/% | | |
| 粗饲料 Roughage | 56.8 | 45.0 |
| 精饲料 Concentrate | 43.2 | 55.0 |
| 营养成分 Nutrient composition | | |
| 泌乳净能 $NE_L$/(MJ/kg) | 6.15 | 7.37 |
| 干物质 DM/% | 58.7 | 53.8 |
| 粗蛋白 CP/% | 14.2 | 17.4 |
| 脂肪 Fat/% | 3.1 | 6.1 |
| 中性洗涤纤维 NDF/% | 52.9 | 33.4 |
| 酸性洗涤纤维 ADF/% | 28.1 | 19.6 |
| 钙 Calcium/% | 0.42 | 0.8 |
| 磷 Phosphorus/% | 0.44 | 0.3 |

试验期为 55 d,即从产前 15 d 到产后 40 d。按照预产期,分别于产前 14、7、4、2、1 d、产后 0、1、2、4、7、14 d 早晨空腹尾静脉采集血液 5 mL,现场分离血清,分装待检。产后 11 d 至产后 40 d 每天记录产奶量,每日 03:30、11:30 和 18:30 挤

奶3次，饲喂3次，自由饮水。在产后30 d时采集新鲜乳汁20 mL，待检。

脂肪组织采样：根据文献所示方法（Goselink 等，2013），在产后第2d分别从正常组和肥胖组各选取3头奶牛采集尾根部脂肪组织。脂肪组织的采样位置在坐骨结节和尾椎之间。首先，该区域剪毛，消毒液擦拭消毒。皮下注射局部麻醉剂（5 mL 2%利多卡因盐酸肾上腺素）。做一切口，取5 g左右的脂肪组织，立即将脂肪组织样品置于液氮快速冷冻并储存在-80℃。切口处缝合，做消毒处理。

### （二）主要仪器设备

全自动血液生化仪（Accute TBA-40FR；Toshiba，日本）；乳成分测定仪 LactoScope™ FTIR（荷兰 Delta Instruments）；体细胞测定仪 Nucleocounter SCC-100（丹麦 Chemometec）。

### （三）检测方法

利用全自动临床化学分析仪，使用生化检测试剂盒，测定血清样品的钙、葡萄糖和甘油三酯的浓度。

利用酶标仪，使用商品化的 ELISA 试剂盒，测定血清中的非酯化脂肪酸、羟丁酸、TNF-α、胰岛素、瘦素、生长激素和脂联素的浓度。

根据下列公式计算胰岛素敏感指数（RQUICKI），即：RQUICKI = 1/[log(G) + log(I) + log(NEFA)]，其中G代表葡萄糖浓度（mg/dL），I代表胰岛素浓度（μU/mL），NEFA代表NEFA浓度（mmol/L）。

利用全自动乳质分析仪，检测新鲜乳成分。

### （四）数据分析

采用SPSS13.0软件对原始数据进行方差分析，结果以平均值±标准差来表示，以 $P<0.05$ 为差异具有统计学意义。使用 SAS（SAS Institute，Inc.，Cary，NC，USA）的 PROC MIXED 程序分析血清变量的数据。统计包括时间（分娩相对时间，D），BCS（对照和肥胖组，B）的固定效应，以及时间和 BCS 的交互作用。所有数据的分析以 $P<0.05$ 为差异具有统计学意义。

## 二、产前肥胖对围产期奶牛生产性能和血液指标的影响

### (一)产前肥胖对产奶量和乳成分的影响

试验结果显示,奶牛产后日均泌乳量统计显示(图 3-11),产前体况正常牛的日均产奶量从产后 11 d 至 31 d 逐渐升高并达到泌乳高峰[(45.89 ± 2.00)] kg,随后产奶量逐渐下降。肥胖牛出现泌乳高峰的时间要稍晚于正常牛,且在产后 11 d 至 31 d 的阶段,日均产奶量要低于正常牛。

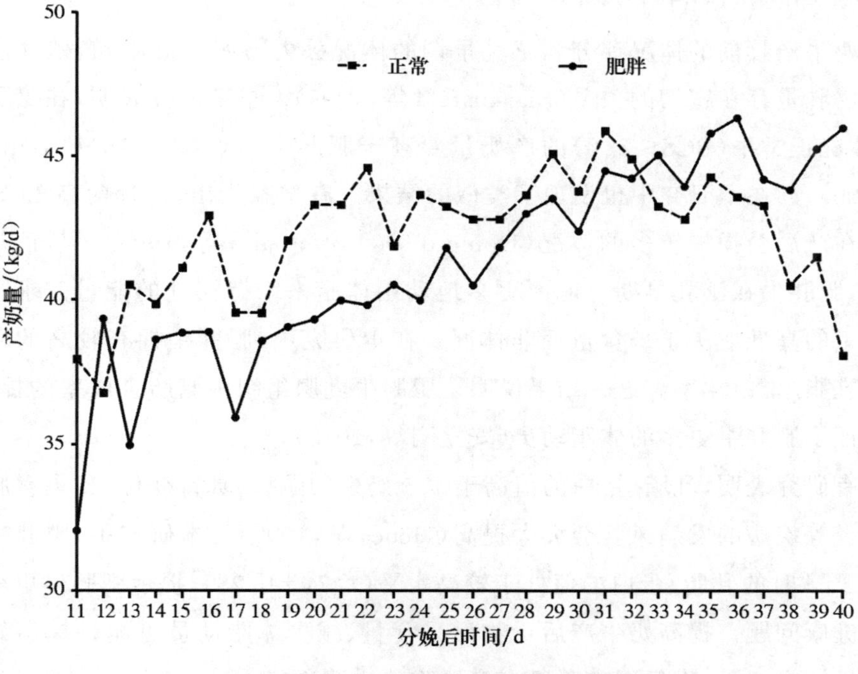


**图 3-11　产前体况评分对奶牛产后产奶量的影响**

与正常组奶牛相比,产后 30 d 时,肥胖奶牛具有较高的校正奶量($P$ = 0.016)、较高的乳脂率($P$ = 0.005)、较高的脂蛋比($P$ = 0.009)和较高的干物质含量($P$ = 0.012),其他乳成分的差异不显著($P$>0.05)(表 3-7)。

**表 3-7 产前体况评分对奶牛产后 30 d 乳成分的影响(均值±标准差)**

| 项目 | 正常组($n=10$) | 肥胖组($n=10$) |
|---|---|---|
| 校正奶量(HTACM)/kg | $23.90 \pm 5.21^{a}$ | $34.03 \pm 3.09^{b}$ |
| 乳脂率/% | $2.92 \pm 0.60^{a}$ | $4.82 \pm 0.66^{b}$ |
| 蛋白率/% | $2.77 \pm 0.13$ | $2.84 \pm 0.21$ |
| 乳脂/乳蛋白 | $1.06 \pm 0.20^{a}$ | $1.71 \pm 0.28^{b}$ |
| 乳糖率/% | $5.06 \pm 0.22$ | $4.81 \pm 0.17$ |
| 干物质/% | $11.45 \pm 0.84^{a}$ | $13.16 \pm 0.48^{b}$ |

注:校正奶量(HTACM)是根据实际泌乳时间、乳脂率校正泌乳时间为 150 d、乳脂率为 3.5%时产生的数据;表中同行数据肩标不同字母表示差异显著。

奶牛产犊前的体况评分和泌乳早期的体况丢失与奶牛健康、繁殖性能和产后泌乳量存在密切的关系(Markusfeld 等,1997)。早期研究表明,在泌乳早期,体况正常牛(BCS≤3.0)的产奶量要高于肥胖牛(BCS>3.25)(Contreras 等,2004)。在本研究中也发现了类似的结果。有文献指出,产犊前高 BCS 的奶牛在产后会损失较多的体况(Domecq 等,1997;Gallo 等,1996)。与正常牛相比,肥胖牛在泌乳早期可能要更多地动用体脂来维持泌乳的能量需求。而产奶量的高低取决于采食量而非体况。在本研究中,肥胖牛拥有较高的乳脂率和乳脂/蛋白比率。这一结果说明了肥胖牛乳腺组织中脂肪合成率的提高,也印证了肥胖牛更多的体脂动员(安立刚等,2018)。

有研究表明,乳脂/蛋白的值高于 1.5 奶牛的酮病、真胃变位、卵巢囊肿和乳腺炎等疾病的发病风险会大大提高(Heuer 等,1999)。本研究中,肥胖牛在产后 30 d 时的乳脂/蛋白的值处于较高水平($1.71 \pm 0.28$),提示肥胖牛更容易出现健康问题。提高奶牛产后干物质采食量、减少体脂动员可能是提高奶牛泌乳早期产奶量,降低围产阶段疾病风险的主要途径。

### (二) 肥胖对围产期血钙水平的影响

奶牛分娩后的血钙水平迅速下降。肥胖牛在产前 2 d、产前 1 d 和产后 4 d 的血钙水平显著低于体况正常牛($P<0.05$)。体况正常牛在分娩后 4 d 时,血钙水平恢复到产前水平,而体况肥胖牛需要在分娩后 7 d 才能恢复到正常牛的水平(图 3-12)。

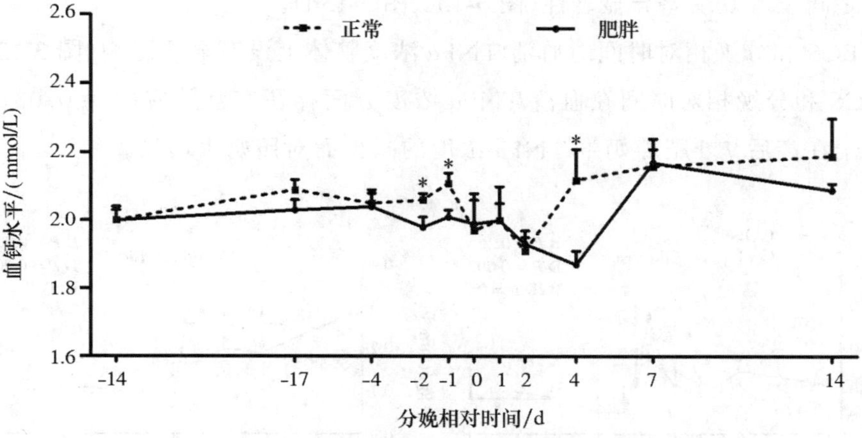


图 3-12　体况评分对奶牛围产阶段血钙水平的影响

总血钙浓度处于 1.4～2.0 mmol/L 被认为是奶牛发生了亚临床低血钙（肖鑫焕等，2016），本研究的结果显示，试验中所有奶牛在产前 2 d 至产后 2 d 的阶段，均处于亚临床低血钙状态。奶牛在分娩后的血钙水平迅速下降，而肥胖牛的血钙水平较正常牛处于更低水平，且产后血钙水平的恢复要更慢一些。肥胖牛更容易发生产后低血钙的结论也在其他研究中提及，但其发生发展机制还有待于进一步深入研究。这可能与肥胖牛在泌乳早期的干物质采食量偏低导致的钙摄入量不足，或者与血钙调控相关激素的分泌紊乱有关。

### （三）产前肥胖对围产期血清葡萄糖、甘油三酯、NEFA、BHBA 和 TNFα 的影响

所有试验奶牛的血糖水平在分娩时都处于较高的水平，并且在分娩后急剧下降，直至产后第 2 天。产前肥胖对奶牛血清葡萄糖浓度没有显著影响（图 3-13a）。

与产前相比，所有奶牛在产后阶段甘油三酯水平显著降低。产前 2 d 至分娩时，肥胖牛的甘油三酯水平显著低于对照组。肥胖奶牛甘油三酯浓度从产前 14 d 至产前 1 d 逐渐降低，甘油三酯浓度存在 BCS 和分娩相对时间的交互效应（$P=0.02$）（图 3-13b）。

两组奶牛产后血清 NEFA 和 BHBA 浓度均高于产前阶段（$P<0.05$），但

两组之间没有发现差异显著性(图 3-13c、图 3-13d)。

BCS 和分娩相对时间对血清 TNFα 浓度整体上没有显著影响(图 3-13e)。但 BCS 和分娩相对时间在血清 TNFα 浓度方面存在交互效应($P=0.03$),这是由于在产后 7 d 肥胖奶牛 TNFα 浓度的减少而对照奶牛增加。

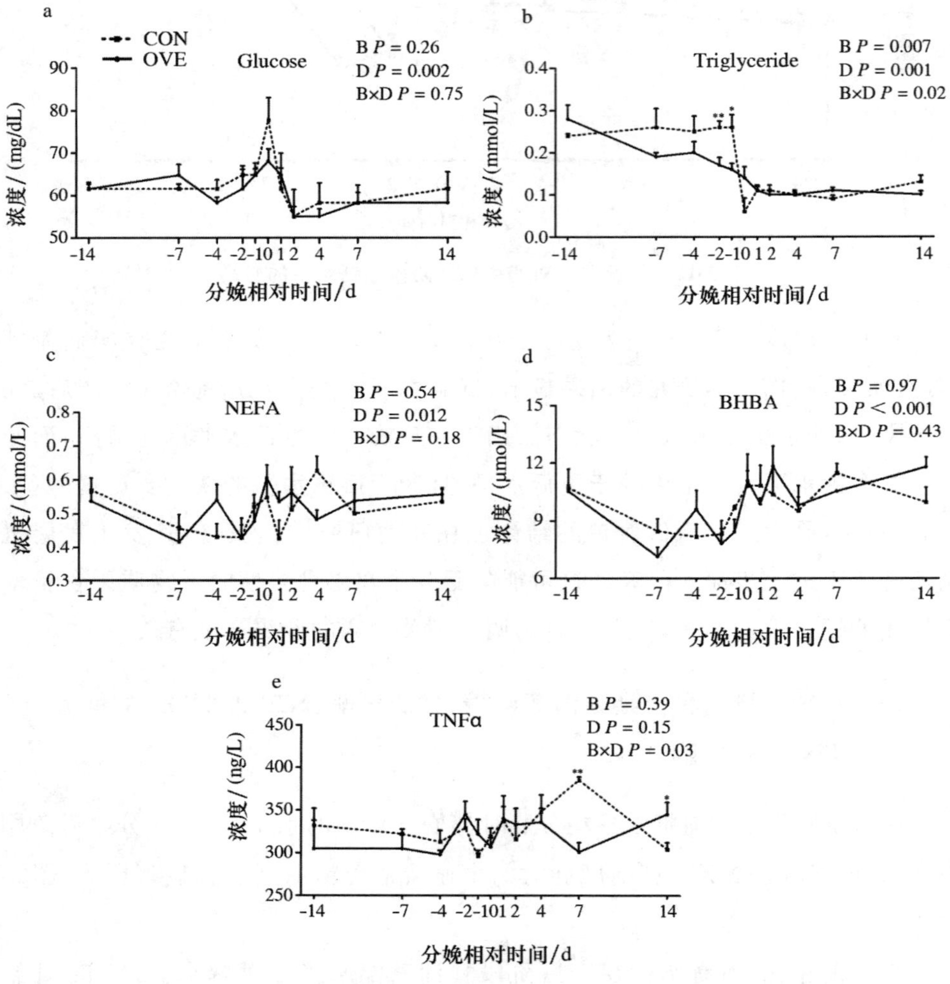


注:* 表示 BCS 和分娩相对时间的交互效应显著,** 表示 BCS 和分娩相对时间的交互作用极显著;B 代表 BCS;D 代表 Day(指分娩相对时间);B × D,指 BCS 与分娩相对时间的交互作用;CON,对照组;OVE,肥胖组。

**图 3-13 围产期奶牛产前体况评分对血清葡萄糖、甘油三酯、NEFA、BHBA 和 TNFα 浓度的影响**

血液NEFA浓度升高是与脂肪动员相关的能量负平衡的一个重要指标(Schulz等,2014;Mccarthy等,2015)。与以往研究(Khan等,2014;Laeger等,2013)一致的是,本研究中奶牛血清NEFA和BHBA浓度在产后显著升高,表明产后奶牛处于能量负平衡和高脂肪分解状态。与其他研究(Pires等,2013;Roche等,2015;Alharthi等,2018)不一致的是,肥胖奶牛并没有显示出比对照组奶牛更高浓度的血清NEFA和BHBA。传统认为,较严重的能量负平衡会导致奶牛酮病的发生风险加大,肥胖奶牛更容易发生酮病和脂肪肝。但是本研究中肥胖奶牛表现出较低的产奶量,这一定程度上表明较低程度的能量负平衡。遗憾的是,本试验没有在产后期间连续测量产奶量和干物质摄入量,而这部分数据对准确计算能量负平衡的程度很有帮助(Schulz等,2014)。此外,脂肪分解可分为基础脂解和需求性脂解,并且需求性脂解是围产期奶牛中血液NEFA的主要来源,主要受激素敏感性脂肪酶途径调节(Contreras等,2017)。对激素敏感脂肪酶活性的评估可以更好地反映脂解的水平,这应该考虑用于将来的研究。有人提出强烈的脂肪分解反应的倾向具有遗传基础(Khan等,2013)。之前的研究表明,BCS损失与围产期强烈的脂肪分解率有关(Barletta等,2017;Zachut等,2013)。遗憾的是,本试验期间没有测量BCS的动态变化。未来的研究需要评估整个围产期BCS变化率、脂肪分解和胰岛素信号传导途径之间的关联。随着分娩的临近,肥胖奶牛的血清甘油三酯水平逐渐降低。据报道,围产期奶牛的脂肪肝与血浆甘油三酯浓度降低有关(Am等,2005;Katoh等,2002)。这些结果表明,产前肥胖奶牛患脂肪肝的风险更高(Drackley,1999)。

### (四)产前肥胖对围产期血清激素和脂肪因子浓度的影响

对照组和肥胖组奶牛的血清胰岛素浓度在产后2 d降低至较低水平($P<0.01$)(图3-14a)。由于肥胖组血清胰岛素水平从产前2 d至分娩当天逐渐降低,因此血清胰岛素水平存在显著的BCS和分娩相对时间的交互作用($P<0.001$)。在产后14 d,与对照奶牛相比,肥胖奶牛的胰岛素浓度更高($P<0.01$)。

在试验期间,肥胖奶牛的血清生长激素和脂联素浓度总体上高于对照奶牛(分别为$P=0.046$和0.042)(图3-14b、图3-14c)。与对照组奶牛血清脂联素浓度的降低趋势相比，肥胖奶牛的血清脂联素浓度从分娩当天到产后 4 d 逐渐升高，导致存在 B×D 交互作用（$P=0.046$）。

对照组和肥胖组奶牛血清瘦素浓度在分娩后逐渐下降（$P<0.05$）。在对照组和肥胖组之间未发现瘦素浓度的显著差异（图 3-14d）。

对照组和肥胖组奶牛的胰岛素敏感指数在围产期的变化趋势是相似的，即在分娩前后降低到较低的水平，分娩后逐步升高。但两组奶牛在试验期总体差异不显著（$P=0.52$）。两组之间存在 B×D 交互作用（$P=0.001$）。肥胖牛在分娩时和分娩后的第 4 天胰岛素敏感指数高于对照组，但分娩后的第 14 天显著低于对照组（图 3-15）。

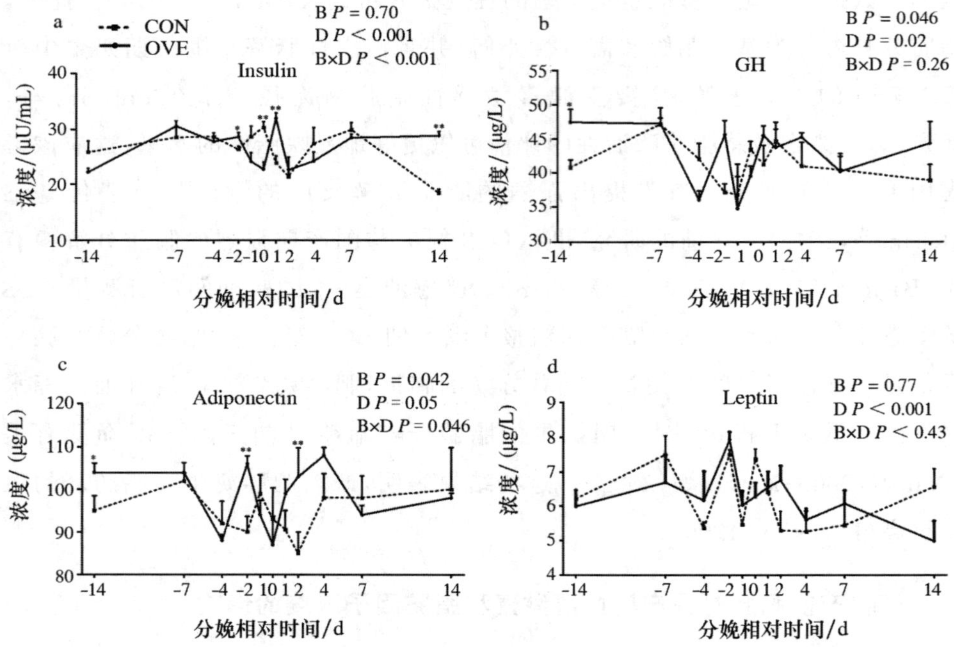


注：* 表示 BCS 和分娩相对时间的交互作用显著，* * 表示 BCS 和分娩相对时间的交互作用极显著；B 代表 BCS；D 代表 Day（指分娩相对时间）；B×D，指 BCS 与分娩相对时间的交互作用；CON，对照组；OVE，肥胖组。

**图 3-14 围产期奶牛产前体况评分对血亲胰岛素、血清生长激素、脂联素和血清瘦素浓度的影响**

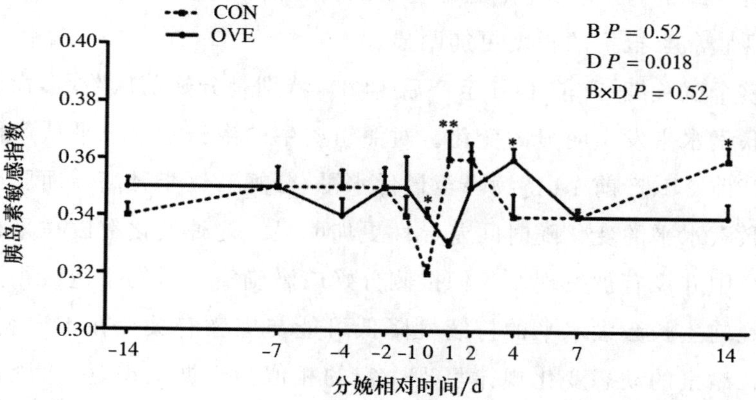


注：* 表示 BCS 和分娩相对时间的交互作用显著，* * 表示 BCS 和分娩相对时间的交互作用极显著；B 代表 BCS；D 代表 Day(指分娩相对时间)；B×D，指 BCS 与分娩相对时间的交互作用；CON，对照组；OVE，肥胖组。

**图 3-15　围产期奶牛产前体况评分对胰岛素敏感指数的影响**

胰岛素是一种重要的抗脂解激素，可通过降低环腺苷酸单磷酸(cAMP)水平而发挥抗脂解作用。能量需求的增加和胰岛素水平的降低会导致净脂解的增加。在对照组奶牛中，胰岛素在分娩时急剧上升，在分娩后下降。这与之前的报道一致(Drackley 等，2001)。本研究中血清 NEFA 在产后的升高，可能与胰岛素浓度的下降而导致的脂解增加有关。胰岛素浓度的下降，以及外周组织对胰岛素的反应性降低，都会导致胰岛素的抗脂解作用下降。葡萄糖(GLU)作为所有哺乳动物能量代谢的主要能量底物，对维持重要细胞(红细胞、脑细胞和肾细胞等)的功能来说是必不可少的。因此，维持血糖正常生理水平显得至关重要。在妊娠后期和泌乳早期，为了满足胎儿的生长发育和泌乳需要，大量的葡萄糖流向子宫和乳房。本研究中，奶牛临产前后血糖水平显著降低，而分娩时血糖的暂时性升高与分娩应激有关。

胰岛素敏感性指数是反映外周组织对胰岛素敏感性的重要参数。奶牛分娩前后胰岛素敏感性指数的降低说明外周组织对胰岛素的敏感性下降，即出现了胰岛素抵抗现象。适度的胰岛素抵抗能促进脂肪动员，缓解能量负平衡，是促进泌乳的一种适应机制。但强烈而持久的胰岛素抵抗是发生酮病和脂肪肝的重要风险因素。因此维持适度的胰岛素抵抗是保证奶牛健康的重要环节。本研究中分娩前后肥胖奶牛胰岛素敏感性短暂的升高与脂联素浓度升高的结果是一致的，推测可能是肥胖奶牛的自身谐调作用。随着泌乳的进行，肥胖牛出现胰岛素抵抗的程度更加明显。

在整个试验期（产前 14 d 至产后 14 d），特别是分娩前后阶段，血清生长激素和脂联素水平发生明显的变化。对照组奶牛的生长激素水平从产前 7 d、产前 4 d、产前 2 d、产前 1d 持续降至最低水平，分娩后逐步升高。而肥胖牛在分娩前后激素水平的变化随时间差异性更加明显。这种变化在以往采样间隔稍长的研究中并没有被发现。我们推测分娩应激确实会对奶牛造成很严重的影响。分娩前生长激素水平的持续性降低可能与应激有关。在本研究中，脂联素和生长激素的动态变化规律呈现一定的相似性。据报道，生长激素能增加脂肪细胞中脂联素的表达水平。肥胖奶牛在产前 14 d 相对较高的生长激素和脂联素水平可能是肥胖奶牛自身谐调机制造成的。生长激素和脂联素的相互作用还需要进一步研究。

本研究中，肥胖奶牛血清脂联素浓度高于对照奶牛。其他研究也报道过围产期 BCS 较高的奶牛（Vailati－Riboni 等，2016）或过度饲喂且 BHBA 浓度过高的奶牛（Mann 等，2016）的脂肪组织中脂联素表达增加。脂联素是一种仅由脂肪组织分泌并富含于血浆的脂肪因子（Noriyuki 等，2003），被认为是一种胰岛素增敏激素，通过激活 AMP 蛋白激酶信号传导改善人肥胖模型中的全身胰岛素敏感性（Yamauchi 等，2001）。在人类研究中，在肥胖个体（Ryo 等，2004）和 2 型糖尿病患者（Shanshan 等，2009）中观察到血浆或脂肪组织中脂联素水平降低，这表明脂联素水平与肥胖相关的代谢功能障碍之间存在关联。奶牛血清脂联素水平与奶牛对葡萄糖和脂肪酸的胰岛素反应性之间也存在正相关（Koster 等，2017）。在同一项研究中，BCS 和血清脂联素浓度呈负相关，这与最近的一项研究结果一致，即 BCS 较低的奶牛脂联素基因表达较高（Alharthi 等，2018）。在本研究的产后阶段，虽然两组奶牛的脂肪分解率均有所增加，但脂联素的变化不同，即肥胖的奶牛脂联素浓度增加，而对照组则降低。目前尚不清楚在肥胖奶牛中观察到的代谢功能的改善是由于脂联素的保护，还是 NEB 的较低水平和较低的产奶量。应考虑开展进一步的体内和体外研究，以揭示脂联素是否以及如何改善围产期奶牛的代谢功能。

### (五)小结

与对照组奶牛相比,产前肥胖奶牛没有表现出更高的血清 NEFA 和 BHBA 浓度,表明肥胖奶牛并没有表现出更高的能量负平衡和高脂解状态。而肥胖奶牛在产前甘油三酯水平显著降低,提示了产前肥胖奶牛患脂肪肝的风险更高。肥胖奶牛高血清脂联素浓度可能部分解释肥胖奶牛代谢功能的改善。

## 三、产前肥胖对产后奶牛脂肪组织胰岛素信号通路的影响

脂肪组织对于奶牛能量代谢的动态控制很重要。适度脂肪分解有利于奶牛成功适应能量负平衡,但过量的脂肪分解会导致血液中高浓度的 NEFA 和 $\beta$-羟丁酸(beta hydroxybutyric acid, BHBA)积聚,从而导致奶牛健康问题。胰岛素抵抗(Insulin resistance,IR)可加速脂肪组织的分解,造成 NEFA 的大量动员入血,反过来增加了胰岛素抵抗的程度,促进了炎症和代谢疾病的发展(De Koster 等,2013)。有研究指出,过度脂解奶牛的脂肪组织中的胰岛素信号传导受损(Zachut 等,2013)。因此,保持胰岛素抵抗和脂肪动员之间的平衡有利于围产期奶牛的代谢适应。脂肪分解过程中血液代谢物对胰岛素信号通路的调节可能是发生 IR 的原因(Mann 等,2016;Jakson 等,2018)。

较高的 BCS,即肥胖,表明产后代谢紊乱的风险更大(Contreras 等,2004;Pires 等,2013;Roche 等,2015)。营养因素对胰岛素敏感性(De 等,2015)和胰岛素信号传导(Mann 等,2016)的影响已在奶牛中进行了广泛的研究。有研究指出,肥胖奶牛在围产期间更容易发生脂肪过度动员(De 等,2016)。虽然以前的研究表明过度饲喂奶牛或肥胖奶牛具有更高程度的胰岛素抵抗(Holtenius 等,2003,2017),但最近也有报道指出奶牛体况并未影响产后脂肪组织的胰岛素抵抗(Jakson 等,2018)。研究还表明,体况损失较多的奶牛更容易在脂肪组织中发生胰岛素抵抗(Zachut 等,2013)。过氧化物酶体增殖物激活受体 $\gamma$(PPAR$\gamma$)是 PPAR 家族的一个亚型,在反刍动物脂肪组织中高度表达,并且已被证明能在葡萄糖和脂质代谢相关蛋白的基因转录控制中发挥核心作用(Leonardini 等,2009;Schoenberg 等,2011)。

考虑到 IR 和脂肪分解的相互作用机制尚不清楚,我们假设体况偏高的奶

牛发生过度脂肪分解，其血液代谢产物影响产后阶段脂肪组织胰岛素抵抗的发展，特别是产犊后第一周泌乳启动时能量需求突然增加的阶段（Drackley, 2001）。不同 BCS 的围产期奶牛的代谢变化可能与胰岛素抵抗的发生发展有关。本研究的目的是研究产前肥胖对奶牛产后脂肪组织中胰岛素信号通路的影响。

## (一)主要材料与方法

1.试验材料

二甲基亚砜 DMSO　美国 Sigma 公司

Real-time PCR Mix　普洛麦格(北京)生物技术有限公司(Promega)

SYBR Premix DimerEraser　宝日医生物技术(北京)有限公司

Pierce© BCA 蛋白定量分析试剂盒　Thermo Scientific

DHA　美国 Sigma 公司

Cell Counting Kit-8　碧云天生物技术公司

BSA　Sigma-Aldrich

兔 AKT 多克隆抗体　CST

兔 p-AKT (Ser473)多克隆抗体　CST

兔 p-AKT (Thr308)多克隆抗体　CST

兔 IRS-1 多克隆抗体　CST

兔 p-IRS-1 多克隆抗体　CST

鼠 GAPDH 单克隆抗体　美国 ProteinTech 公司

山羊抗兔二抗　美国 ProteinTech 公司

山羊抗鼠二抗　美国 ProteinTech 公司

TRIzol 试剂　Invitrogen

mProm-Ⅱ Reverse Transcription 试剂盒　Promega

脂肪组织试剂盒　Invent Biotechnologies

BCA 蛋白质测定试剂盒　Pierce Chemical Co.

2. 试验方法

(1) RNA 提取和反转录　使用 TRIzol 试剂从脂肪组织样品中提取总

RNA。

1）液氮研磨：在抽提 RNA 前，先把研钵预冷，往研钵内反复加入液氮，至少 4～5 次，使研钵充分预冷。从液氮罐中取出样本后，把脂肪组织块放入事先预冷的研钵中研磨，研磨的同时加入适量液氮，并且研磨时要迅速，待脂肪组织变软的时候，再加入少量液氮，进行再次研磨，如此重复 3 次。

2）匀浆：组织样品加入 Trizol 的标准为，50～100 mg/mL Trizol。另外，组织体积小于或者等于 Trizol 体积的 10%，之后充分匀浆，电动匀浆器约需 1～2 min。

3）组织加 Trizol 后，在室温下放置 10min，使组织其充分裂解，然后将样品吸入 1.5 mL EP 管（无酶）中。

4）12 000 *g* 离心 5 min，弃沉淀。

5）每毫升 Trizol 加入 200 μL 氯仿，剧烈振荡 30 s，并于室温放置 15 min。

6）4℃ 12 000 *g* 离心 15 min。

7）吸上清液于另一个 Ep 管中，重复步骤 3）和 4）一次。

8）将上层水相吸取至另一离心管中，丢弃下层酚相。

9）每毫升 Trizol 加入 0.5 mL 异丙醇后，混匀，室温放置 8 min。

10）12 000 *g* ，4℃，离心 10 min，弃上清，RNA 沉于管底。

11）每毫升 Trizol 加入 1 mL 75%乙醇，温和的振荡离心管，悬浮沉淀。

12）8 000 *g*，4℃，离心 5 min，尽可能弃掉上清液。

13）真空干燥 8 min。

14）可用 10 μL 的 DEPC 水溶解沉淀，并吹打混匀。

15）测 OD 值：用分光光度法在 260 / 280 nm 测定总 RNA 的浓度和纯度。使用 NanoDrop ND-2000C 分光光度计，通过其 A260/A280 比率评估 RNA 纯度，预期值在 1.8 和 2.0 之间。使用琼脂糖凝胶电泳测量 RNA 完整性，凝胶图像显示 5S，18S 和 28S rRNA 的不同完整条带。

（2）反转录 PCR 操作步骤和反应体系　使用 ImProm-Ⅱ Reverse Transcription 试剂盒（Promega，Madison，WI，USA）将总 RNA 逆转录成 cDNA。在实时聚合酶链式反应（PCR）分析之前，将合成的 cDNA 储存在 -20℃冰箱中。

1）将试验用的灭菌 PCR 管放置于冰上，向 PCR 管中分别加入 Oligo

(dT)15 Primer 1 μg，待测的 RNA 1 μg，反应的总体积为 12.5 μL，用 DEPC 水补足。

2) 用 PCR 仪加热装有前述反应物的 PCR 管，设置温度为 72℃，时间为 5 min。

3) 将反应后的 PCR 管迅速放入于冰盒中，时间为 2 min。

4) 按表 3-8 样品和用量配制反转录反应体系。

5) 操作完之后将 PCR 管放置于 PCR 仪，设置温度为 42℃，时间为 60 min。

**表 3-8　RNA 反转录反应体系**

| 反应物 | 加入量 |
| --- | --- |
| M-MLV 反转录酶 | 1 μL |
| RNA 模板 | 1 μg |
| 重组 RNasin© 核酸酶抑制剂 | 0.625 μL |
| dNTP 混合物（10 mmol/L） | 1.25 μL |
| 5 倍的 M-MLV 反应缓冲液 | 5 μL |
| DEPC 水 | 补至 25 μL |

(3)实时荧光定量 PCR 分析　使用 ABI 7500 实时 PCR 系统进行定量实时 PCR 分析。表 3-9 列出了本研究中使用的引物序列。用含有 2 μL cDNA，1.0 μM 引物，10 μL 2×SYBR Premix Dimer Eraser 和 0.4 μL ROX(被动参比染料)的 SYBR© Premix Dimer Eraser© 扩增 cDNA。在 95℃预温育 30 s 后扩增模板，扩增 39 个循环。通过熔解曲线分析确定所有反应显示单一产物。重复 3 次试验。

**表 3-9　实时荧光定量 PCR 和 PCR 扩增的引物序列**

| 基因 | 上游/下游 | 引物寡核苷酸序列（5′端至 3′端） | 基因库登记号 | 产物长度/bp |
| --- | --- | --- | --- | --- |
| *GAPDH* | F | CCACGTTGTAGCCGACATC | NM001034034 | 201 |
| | R | CCCTGAAGAGGACCTGTGAG | | |
| β-actin | F | CACCGCAAATGCTTCTAGGC | NM_173979.3 | 186 |
| | R | TGTCACCTTCACCGTTCCAG | | |

续表 3-9

| 基因 | 上游/下游 | 引物寡核苷酸序列（5´端至 3´端） | 基因库登记号 | 产物长度/bp |
|---|---|---|---|---|
| *HPRT* | F | GACCAGTCAACAGGCGACAT | NM_001034035.2 | 130 |
| | R | TGACCAAGGCAAGCAAAGTC | | |
| *INSR* | F | AGGAGCTGGAGGAGTC-<br>CTCGTTCA | XM005208817.2 | 147 |
| | R | CATTCCCCACGTCAC-<br>CAAGGGCTC | | |
| *GLU T4* | F | TTCATTGGCGCCTACTCAGG | NM174604.1 | 142 |
| | R | CTAGCACCTGGGCGATTAGG | | |
| *TNFα* | F | CCACGTTGTAGCCGACATC | NM173966 | 155 |
| | R | CCCTGAAGAGGACCTGTGAG | | |
| *PPARγ* | F | ACTTTGGGATCAGCTCCGTG | NM181024.2 | 137 |
| | R | GTCAGCTCTTGGGAACGGAA | | |

使用 SYBR Green I 荧光染料。按照表 3-10 配制实时定量 PCR 的反应体系。

**表 3-10 Real-time PCR 反应体系**

| 组分 | 体积/μL |
|---|---|
| SYBR© Premix ExTaqTm II（2×） | 10.0 |
| 上游引物（10 μmol/L） | 0.4 |
| 下游引物（10 μmol/L） | 0.8 |
| ROX Reference Dye II（50×） | 0.8 |
| 模板（<100 ng） | 2.0 |
| 灭菌蒸馏水 | 6.0 |
| 总体积 | 20.0 |

反应过程见表 3-11。

**表 3-11　实时荧光定量 PCR 反应程序**

| 预变性阶段（cycles：1） | PCR 反应（cycles：39） | 融解曲线分析 |
|---|---|---|
| 95℃，30 s | 95℃，5 s | 95℃，15 s |
| | 60℃，30 s | 60℃，1 min |
| | 72℃，15 s | 95℃，30 s |
| | | 60℃，15 s |

选择甘油醛-3-磷酸脱氢酶（GAPDH），β-肌动蛋白和次黄嘌呤磷酸核糖基转移酶（HPRT）作为内参基因。为了评估 mRNA 表达的相对定量，将靶基因的循环阈值（Ct）值标准化为 3 个所选内参基因的 Ct 值的几何平均值，并且使用 $2^{-\Delta\Delta Ct}$ 的方法将结果表示为倍数变化。使用以下等式计算每组中靶基因的相对 mRNA 表达：

$$\Delta Ct = Ct_{(\text{target gene})} - Ct_{(\text{geometric mean of housekeeping genes})}$$

$$\Delta\Delta Ct = \Delta Ct_{(\text{treated group})} - \Delta Ct_{(\text{control group})}$$

（4）免疫印迹试验

1）蛋白提取　使用商品化试剂盒从脂肪组织中提取蛋白质。

①制备提取液，蛋白酶抑制剂混合物与蛋白提取液加入比例为 2 μL 蛋白酶抑制剂混合物/每 500 μL 蛋白提取液，混匀，置冰上备用。

②先将组织样本剪碎，之后加入适量的蛋白提取液，用组织匀浆器匀浆至无明显肉眼可见固体。

③将组织匀浆吸入一个事先预冷并且无菌的离心管中，于 4℃，10 000 *g* 条件下离心 5 min。

④离心出的上清吸入蛋白离心管中，用液体收集管，在 4℃，12 000 *g* 条件下离心 5 min。

⑤用另一个预冷的无菌离心管收集管中的液体，得到蛋白样品。

⑥用吸头刮出蛋白离心管中的脂肪杂质，用于处理上步未处理完的样品或其他待处理样品。

⑦将上述蛋白提取物定量，之后分装于 −80℃ 冰箱保存备用。

2)蛋白浓度测定　使用 Pierce BCA 蛋白定量分析试剂盒定量测定蛋白浓度。

标准品 BSA 配制方法见下表 3-12：

**表 3-12　配制 BSA 的标准品**

| 编号 | 稀释液体积/μL | BSA 的用量/μL | BSA 的浓度/(μg/mL) |
|---|---|---|---|
| A | 0 | 原液 300 μL | 2 000 |
| B | 125 | 原液 375 μL | 1 500 |
| C | 325 | 原液 325 μL | 1 000 |
| D | 175 | B 瓶稀释液 175 μL | 750 |
| E | 325 | C 瓶稀释液 325 μL | 500 |
| F | 325 | E 瓶稀释液 325 μL | 250 |
| G | 325 | F 瓶稀释液 325 μL | 125 |
| H | 400 | G 瓶稀释液 100 μL | 25 |
| I | 400 | 0 | 0 |

操作步骤：

①配备工作液样品及比例：BCA 试剂 B 与 BCA 试剂 A 以 1∶50 的比例混合。

②将 BSA 标准品和 10 μL 样品加入微孔板中。

③每孔中加入 200 μL 的工作液，震荡 30 s 使其充分混合。

④用密封膜密封微孔板，在 37℃的条件下孵育 30 min。

⑤孵育结束后，在 562 nm 波长下立即使用酶标仪检测所有样品的 OD 值。

3) Western blotting

操作步骤如下：

①配胶：

a. 清洗玻璃板

一只手紧扣玻璃板，另一只手用棉布蘸取洗洁精轻轻擦洗。两面都洗净后自来水冲洗，再用 $ddH_2O$ 冲洗干净，喷洒酒精，吹风机吹干玻璃板。

b. 配胶与灌胶

玻璃板对齐后放入板夹中，垂直卡在架子上准备灌胶，操作时应使两玻璃对齐，以免漏胶。配制 10%分离胶，灌胶时，用 5 mL 移液枪吸取配制好的胶液沿玻璃板一侧流下，到一定高度时，加一层水进行液封。待分离胶凝固后，倒去胶上水层，用超纯水洗掉半凝固或凝固不好的表面杂胶。用吸水纸将水吸干。

配制5%浓缩胶，将剩余空间灌满浓缩胶后，缓慢插入梳子，待浓缩胶凝固后，上样跑胶。

②上样跑胶

a.将胶板放入电泳槽中，水平小心地拔出梳子，用200 μL的移液枪反复冲洗，吹出孔中的碎胶。

b.上样量20 μg/孔，使用专门的加样枪头，一直插入胶孔底部，缓慢加入样品和Marker。

c.连接电泳仪，开始跑胶。浓缩胶80 V，30 min；分离胶120 V，1 h。

③转膜

a.根据所配胶的大小和目的蛋白的大小选择所需要的PVDF膜并剪成大小合适的长方形，在膜正面的左上角剪去一个角标记正反面；在甲醇中活化45 s；

b.转膜用的白瓷盘中加入1×transfer buffer浸润滤纸及海绵；小心撬开玻璃板，切下目的胶，在胶的左上角切去一角作为标记；夹板黑面在下，白面在上，黑面上依次放海绵、滤纸、胶、PDVF膜、滤纸、海绵，最后合上白面。

c.合好后的夹板放入转膜槽中，导入配制好的1×transfer buffer，在转膜槽中放入冰袋，转膜槽周围也放置冰袋，避免转膜过程中温度过高。

d.放置完毕后，开始转膜。110 V，1 h。

④封闭

转膜完成后，将膜的蛋白面朝上，PBST溶液洗3次，5 min/次；再用5%脱脂乳，37℃，1.5 h。

⑤一抗孵育

封闭完成后，PBST溶液洗3次，5 min/次；加入一抗，4℃过夜。

⑥二抗孵育

一抗孵育完成后，PBST溶液洗3次，10 min/次；加入二抗，37℃，45 min；PBST溶液洗4次，10 min/次。

⑦发光显影

ECL 超敏发光液均匀覆盖蛋白膜，利用 Tanon 5200 化学发光自动成像系统进行显影。

⑧所需溶液配制如下：

a. 配制分离胶及浓缩胶见表 3-13。

**表 3-13　SDS-PAGE 胶配比**

| 制胶组分 | 5%浓缩胶（4 mL） | 10%分离胶（10 mL） | 12%分离胶（10 mL） |
|---|---|---|---|
| 30% Acrylamide/Bis | 0.67 | 3.3 | 2.7 |
| 双蒸水 | 2.7 | 4 | 4.6 |
| pH＝8.8 的 1.5 mol/L 三（羟甲基）氨基甲烷 | — | 2.5 | 2.5 |
| pH 6.8 的 1.0 mol/L 三（羟甲基）氨基甲烷 | 0.5 | — | — |
| 10% SDS | 0.04 | 0.1 | 0.1 |
| 10%过硫酸铵（APS） | 0.04 | 0.1 | 0.1 |
| 四甲基乙二胺（TEMED） | 0.004 | 0.004 | 0.006 |

b. SDS-PAGE 所用溶液配制方法见表 3-14。

**表 3-14　Western blot 溶液配制**

| 溶液名称 | 配制方法 |
|---|---|
| 10×转膜缓冲液 | 30.3 g Tris ，151.1 g 甘氨酸 |
| 10×电泳液缓冲液 | 10 g SDS ，30.3 g Tris，144 g 甘氨酸 |
| 封闭液 | 使用 1× PBST 溶解脱脂乳，终浓度为 5% |
| 1× PBST 缓冲液 | 按照说明书，超纯水溶解 PBS，并加入 0.1% Tween-20 |
| 一抗稀释液 | 使用 1× PBST 溶解 BSA，终浓度为 5% |
| 二抗稀释液 | 使用 1× PBST 溶解脱脂乳，终浓度为 3% |

c. 所用抗体稀释倍数见表 3-15。

表 3-15　抗体信息

| 抗体名称 | 稀释倍数 |
|---|---|
| 兔多克隆抗体 AKT | 1∶1 000 |
| 兔单克隆抗体 p-AKT（Thr308） | 1∶1 000 |
| 兔单克隆抗体 p-AKT（Ser473） | 1∶2 000 |
| 小鼠单克隆抗体 INSR | 1∶1 000 |
| 兔多克隆抗体 IRS1 | 1∶1 000 |
| 兔多克隆抗体 p-IRS1 | 1∶1 000 |
| 鼠单克隆抗体 β-actin | 1∶1 000 |
| 山羊抗小鼠 IG(H+L)辣根过氧化物酶标记二抗 | 1∶5 000 |
| 山羊抗兔 IG(H+L)辣根过氧化物酶标记二抗 | 1∶5 000 |

使用 Quantity One 软件（Bio-Rad Laboratories，Inc.，Hercules，CA，USA）通过光密度分析来量化条带的强度。其中 INSR 的分子质量为 90 ku，p-IRS1、IRS1 的分子质量为 180 ku，AKT、p-AKT（Thr308）和 p-AKT（Ser473）的分子质量为 60 ku。

4）数据统计分析

使用 SAS 的 GLM 程序分析脂肪组织中基因和蛋白质表达水平。$P<0.05$ 具有统计学意义。

## （二）结果

### 1. 脂肪组织中的基因表达情况

与对照组奶牛相比，肥胖的奶牛脂肪组织中胰岛素受体（INSR）和 TNFα 的相对 mRNA 表达水平降低（分别为 $P=0.046$ 和 $P=0.04$，图 3-16a、图 3-16b），PPARγ 的相对 mRNA 表达水平升高（$P=0.03$，图 3-16 c）。两组之间葡萄糖转运蛋白 4（GLUT4）的 mRNA 表达水平没有差异（图 3-16d）。

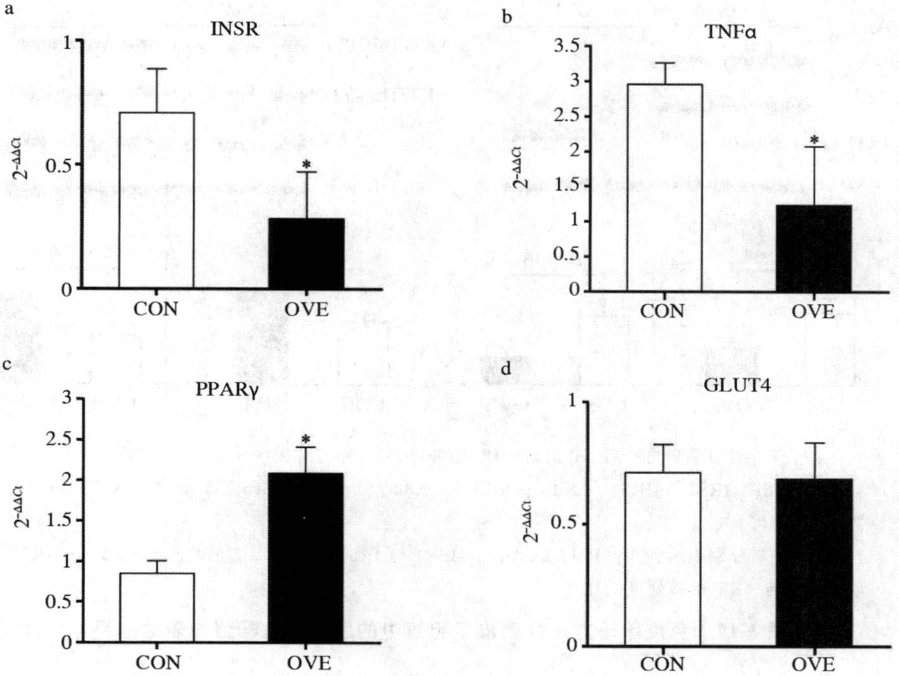


注：脂肪组织采集自产后两天的对照组（CON，n＝3）和肥胖组（OVE，n＝3）奶牛。＊表示对照组（CON）和肥胖组（OVE）之间差异显著（$P<0.05$）。

**图 3-16　实时荧光定量 PCR 方法分析胰岛素受体（INSR）、TNFα、PPARγ 和葡萄糖转运蛋白 4（GLUT4）在皮下组织中的表达水平**

2. 脂肪组织中胰岛素信号通路相关蛋白表达情况

肥胖奶牛的产后脂肪组织的 INSR 蛋白表达水平低于对照奶牛（$P=0.03$）。在肥胖奶牛的产后脂肪组织中观察到较高比例的 p-AKT（Thr308）∶AKT（$P=0.005$）和 p-AKT（Ser473）∶AKT（$P=0.01$）。在两组之间的 p-IRS1∶IRS1 比率中未发现显著差异（$P=0.13$）（图 3-17）。

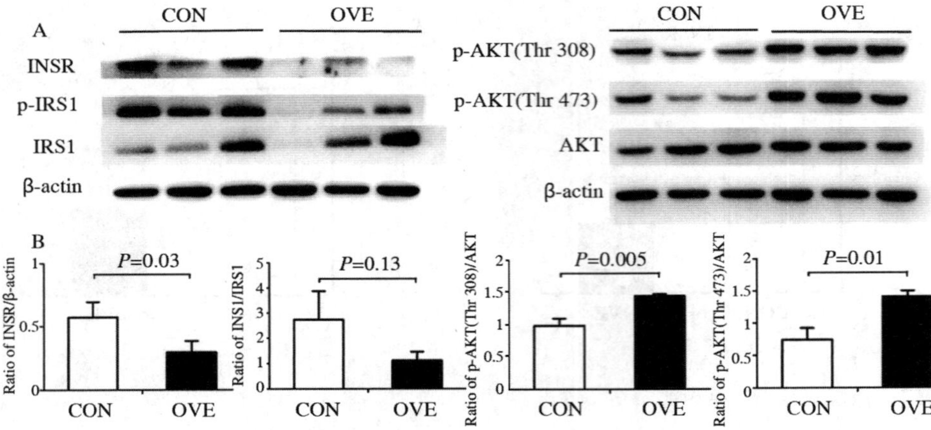


注：脂肪组织采集自产后 2 d 的对照组(CON，n = 3)和肥胖组(OVE，n = 3)奶牛。

A：INSR，IRS1，p-IRS1，AKT，p-AKT (Thr308)和 p-AKT (Ser473) 蛋白的条带。β-actin 为内参蛋白。

B：结果分别表示为 INSR 与 β-actin，p-ISR1 与 IRS1，p-AKT (Thr308)与 AKT ，p-AKT (Ser473)与 AKT 条带强度的比率。

**图 3-17　免疫印迹方法检测皮下组织中的胰岛素信号蛋白表达水平**

## (三)讨论

PPARγ 是脂肪细胞生物学和能量稳态的中枢调节因子，可通过激活脂肪细胞特异性基因的表达诱导脂肪细胞分化，也被称为胰岛素增敏剂(Mann 等，2016)。噻唑烷二酮类药物是合成的 PPARγ 配体，它的临床应用可显著提高发生胰岛素抵抗的人和啮齿动物血浆中脂联素的浓度(Maeda 等，2001)。之前对奶牛(Schoenberg 等，2011；Smith 等，2009)和阉割乳公牛(Kushibiki 等，2001)的研究证实了 PPARγ 的胰岛素敏感效用。本研究中产后肥胖的奶牛在脂肪组织中表现出较高的 PPARγ 表达，这与之前的报道一致(Ji 等，2012；Vailati-Riboni，2016)。我们假设本研究中血清脂联素浓度的升高是由肥胖奶牛脂肪组织中 PPARγ 基因表达的升高所决定的。然而最近的一项研究表明，喂食高能量日粮的奶牛和喂食限制能量日粮奶牛的脂肪组织中 PPARγ 的表达没有显著差异(Mann 等，2016)，这与 Selim 研究的结果一致(Selim 等，2015)。PPARγ 在不同营养条件下的调控机制仍有待完全阐明。

对人类的研究表明，来源于脂肪组织的 TNFα 将肥胖、炎症和糖尿病联系起来，肥胖受试者脂肪组织中 TNFα 表达水平的增加与胰岛素抵抗的发病机制密切相关（Dongsheng 等，2005；Hong 等，2002）。已发现体外 PPAR 激动剂可抑制脂肪组织中 TNFα 表达的增加，提示 TNFα 的表达受 PPAR 激活的调节（Cuzzocrea 等，2003）。在本研究中，肥胖奶牛不仅在脂肪组织的基因表达水平上显示出较低的 TNFα，而且在产后血清中也显示出较低的 TNFα。如 Maeda 等（2001）所述，脂联素和 TNFα 可能在脂肪组织中相互作用，或发挥相反的功能。

胰岛素是最有效的合成代谢激素，促进碳水化合物、脂质和蛋白质的合成和储存，同时抑制这些物质的降解和向血液循环的释放。在脂肪组织中，胰岛素信号转导开始于胰岛素和胰岛素受体（INSR）的结合。随后发生细胞内的级联反应，包括胰岛素受体底物 1（IRS1）的磷酸化，与磷脂酰肌醇 3-激酶的相互作用，通过 Thr308 和 Ser473 磷酸化激活蛋白激酶 B（AKT），促进胰岛素依赖性 GLUT 4 的表达和转运，脂肪组织发生胰岛素诱导的葡萄糖摄入（Saltiel 和 Kahn，2001）。胰岛素抵抗可通过胰岛素反应性（胰岛素受体的表达水平）和胰岛素敏感性（胰岛素受体后的信号通路）进行评估（Hayirli，2006）。在产后脂肪组织中，肥胖奶牛的胰岛素受体 mRNA 和蛋白水平较低，表明胰岛素对葡萄糖的反应可能减少。与正常饲喂的奶牛相比，产后第 21 天在过量饲喂的奶牛中发现了较低的胰岛素受体 mRNA 水平（Zhang 等，2013）。有趣的是，本研究中肥胖奶牛的脂肪组织中，磷酸化的 AKT 含量和 AKT 的磷酸化率均增加，表明脂肪组织的胰岛素敏感性可能增加。针对 3T3-L1 脂肪细胞的研究表明，PPARγ 的抑制能通过影响 AKT 的下游通路的激活而减少葡萄糖摄取，但不影响脂肪细胞中的早期胰岛素信号通路（Liao 等，2007）。尚不清楚 PPARγ 是否在维持围产期奶牛胰岛素抵抗和脂肪动员之间的平衡方面发挥调节作用。需要在未来开展体外研究，以进一步揭示围产期奶牛脂肪组织中 PPARγ、脂肪分解和胰岛素抵抗之间的关联。此外，奶牛体内不同的脂肪组织库对泌乳期间胰岛素敏感性的调控作用是不同的，腹膜脂肪组织中脂联素受体 1 和 TNFα 的基因表达存在显著的差异（Saremi 等，2014）。未来在围产期奶牛的代谢应激研究中需要重点考虑奶牛体内不同的脂肪组织库，甚至不同位置的皮下脂肪对代谢应激的适应性。

### (四)小结

在围产期,肥胖奶牛和对照奶牛之间没有观察到血清 NEFA 和 BHBA 浓度的差异。肥胖的奶牛血清脂联素浓度高于对照奶牛。在产后脂肪组织中,肥胖奶牛显示出较低的胰岛素受体基因和蛋白表达水平,并且在 GLUT4 基因表达中没有发现差异。肥胖奶牛脂肪组织中磷酸化的 AKT 含量和 AKT 的磷酸化比率增加,表明下游胰岛素信号传导途径的激活。同时,肥胖奶牛产后脂肪组织 TNFα 的基因表达较低,PPARγ 的表达较高。产后脂肪组织胰岛素信号通路的变化可能部分地与 PPARγ 和 TNFα 的表达及脂联素的分泌有关。

## 第四节　过瘤胃胆碱对围产期奶牛代谢和健康的影响

围产后期(产后 3 周以内)奶牛处于能量负平衡状态,导致脂肪组织分解,大量非酯化脂肪酸(NEFA)流入肝脏。适度脂解和适量 NEFA 释放对于奶牛成功应对能量负平衡是有益的;但过度脂解会导致高浓度 NEFA 流入肝脏,超出肝细胞氧化脂肪酸提供能量的能力和整合酯化脂肪酸进入极低密度脂蛋白(VLDL)的能力,就会导致甘油三酯在肝脏积聚,进一步发展为脂肪肝,给奶牛健康和福利带来严重的挑战,影响奶牛生产效益(Contreas 等,2017)。有研究表明,肝脏甘油三酯能以 VLDL 的形式转运出肝脏,经由血液循环被机体各组织利用。胆碱是 VLDL 的重要组成成分,可促进 VLDL 的合成,同时还可作为肉毒碱的甲基供体,加快肝脏中脂肪酸的 $\beta$-氧化,降低肝脏沉积(Shahsavari 等,2016)。由于瘤胃微生物对日粮中胆碱的广泛降解作用,奶牛肝脏合成 VLDL 的能力先天性较低(Sharma 等,1988)。因此采用过瘤胃保护技术添加胆碱对于围产期奶牛来说是有益的。尽管国内外对过瘤胃胆碱(RPC)在奶牛的应用研究很多,但研究结论不甚一致,这可能与添加时间、持续时间、添加水平和过瘤胃保护效率等有关。本研究拟在围产前期(产前 30 d 至分娩时)奶牛日粮中添加过瘤胃胆碱,探讨其对围产期奶牛生产性能、肝脏功能和物质代谢的影响,为奶牛生产中过瘤胃胆碱的添加提供理论和技术支持。

## 一、材料与方法

### （一）材料

过瘤胃胆碱，商品名斯多利（STA-CHOL）；氯化胆碱规格：500 000 mg/kg ± 10%；载体：巴西棕榈油、氢化植物油、二氧化硅；生产商：bioscreen technologies srl，italy。

### （二）动物选取

在北京某规模化奶牛场，选取 2～4 胎、体重相近（600 ± 21）kg、产前 30～40 d 的奶牛 20 头，所有奶牛均饲喂于同一牛舍，按照《中国奶牛饲养标准》饲喂全混合日粮，即预产期前 21 d 内饲喂干奶后期日粮，产后饲喂新产泌乳牛日粮（表 3-16）。

将奶牛随机分为对照组和试验组，以 5 分制评估的对照组和试验组体况评分差异不显著（分别为 3.35 ± 0.21 和 3.37 ± 0.32）。从产前 21 d 至分娩时，对照组饲喂基础日粮，试验组基础日粮中添加过瘤胃胆碱（30 g/d）。添加方法：每日早料前，将混有 30g 过瘤胃胆碱的少量浓缩料放入料盆，待奶牛完全舔食后，移走料桶，提供全混合日粮。

**表 3-16 试验期间奶牛基础日粮的原料和营养组成（以干物质为基础）** %

| 原料和营养组成 | 干奶后期 | 泌乳期 |
|---|---|---|
| 原料 | | |
| 玉米青贮 | 19.4 | 22.6 |
| 燕麦草 | 37.4 | 5.1 |
| 苜蓿 | | 17.3 |
| 玉米压片 | | 5.1 |
| 玉米皮粉 | 16.8 | 3.0 |
| 膨化大豆 | | 2.6 |
| 大豆皮 | 7.7 | |
| 美加利 | | 0.5 |
| 脂肪粉 | | 2.1 |

续表 3-16

| 原料和营养组成 | 干奶后期 | 泌乳期 |
| --- | --- | --- |
| 棉籽 | | 2.6 |
| DDGS | 1.9 | |
| 干奶牛精料 | 19.8 | |
| 新产牛精料 | | 39.1 |
| 合计 | 100 | 100 |
| 营养成分 | | |
| 干物质 | 58.7 | 53.8 |
| 粗蛋白 | 14.2 | 17.4 |
| 脂肪 | 3.1 | 6.1 |
| 中性洗涤纤维 | 52.9 | 33.4 |
| 酸性洗涤纤维 | 28.1 | 19.6 |
| 钙 | 0.42 | 0.8 |
| 磷 | 0.44 | 0.3 |

### (三)采样和检测方法

分别于预产期前 7 d、产后 0、7 d 和 14 d 的早晨空腹尾静脉采集血液 10 mL，现场分离血清，置于无抗凝剂离心管中，室温静置 1 h，3 000 r/min 离心 10 min，取上层血清，－70℃保存，待检。从产后 1～15 d 记录产奶量，产后 30 d 采集乳汁 10 mL，用于乳质分析。

血清样品：使用全自动生化仪（型号：贝克曼 AU480）检测血清中丙氨酸氨基转移酶（ALT）、天门冬氨酸氨基转移酶（AST）、γ-谷氨酰基转移酶（GGT）、乳酸脱氢酶（LDH）、碱性磷酸酶（ALP）、总蛋白（TP）、白蛋白（ALB）、球蛋白（GLB）、总胆固醇（CHO）、甘油三酯（TG）、葡萄糖（GLU）等；使用商品化 ELISA 试剂盒（均购自武汉华美生物工程有限公司），通过酶标仪（Model680，BIO-RAD，美国），检测血清中非酯化脂肪酸（NEFA）和 β-羟丁酸（BHBA）的浓度。

新鲜乳：使用全自动乳成分分析仪（LactoScope$^{TM}$ FTIR，DELTA，荷兰）测定乳成分，使用体细胞测定仪（Nucleocounter SCC-100，丹麦）测定体细胞数。

### (四)数据统计和分析

采用 SPSS 软件(SAS Inst. Inc.)中的混合模型程序对血清生化指标和代谢物指标的原始数据进行方差分析。统计分析包括分娩相对时间(Day, D)、胆碱处理(Control 和 Experiment 组,RPC)的固定效应,以及分娩相对时间和胆碱处理的交互作用。采用 SPSS 软件中的单因素方差(ONE-Way ANOVA)分析对乳成分数据进行差异性分析。试验数据用平均值 ± 标准误表示,并以 $P<0.05$ 表示差异显著,以 $P<0.01$ 表示差异极显著。

## 二、过瘤胃胆碱添加对生产性能的影响

### (一)过瘤胃胆碱添加对产奶量的影响

试验组奶牛在产后第 6、7、8 天的日均产奶量均显著高于对照组($P<0.05$)(图 3-18),其他观察时间,产奶量之间没有显著差异。在产后 1～15 d,试验组奶牛日均产奶量(28.97 ± 2.23) kg 显著高于对照组(24.53 ± 2.06) kg($P<0.05$)。

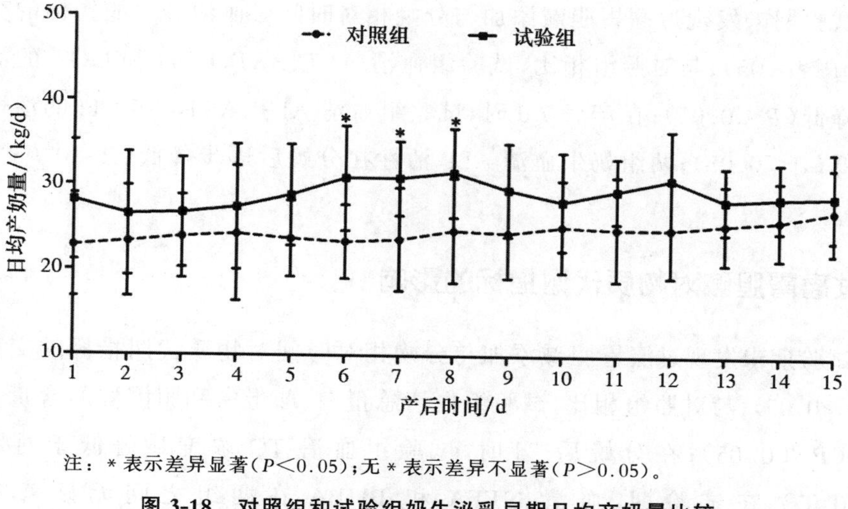


注:* 表示差异显著($P<0.05$);无 * 表示差异不显著($P>0.05$)。

**图 3-18 对照组和试验组奶牛泌乳早期日均产奶量比较**

### (二)过瘤胃胆碱对产后 30 d 乳成分和体细胞数的影响

在产后 30 d 时,试验组与对照组的乳成分(乳脂率、乳蛋白率、脂蛋白比、乳糖率和乳干物质等)、体细胞数和能量矫正乳没有显著差异性($P>0.05$)(表 3-17)。

表 3-17　对照组和试验组奶牛产后 30 d 时乳成分和体细胞数的比较

| 项目 | 对照组 | 试验组 | P 值 |
| --- | --- | --- | --- |
| 乳脂率/% | 2.94±0.19 | 3.08± 0.12 | 0.552 |
| 乳蛋白率/% | 3.23±0.18 | 3.21 ±0.15 | 0.947 |
| 脂蛋白比 | 0.91±0.06 | 0.96± 0.05 | 0.537 |
| 乳糖/% | 4.99±0.21 | 5.10± 0.09 | 0.627 |
| 乳干物质/% | 11.86±0.29 | 12.09± 0.25 | 0.574 |
| 体细胞数/($10^3$/mL) | 832±694 | 176±86 | 0.323 |
| 能量矫正乳(ECM)/kg | 8.21±0.38 | 10.44±0.54 | 0.08 |

注:ECM=(奶产量×0.383×%乳脂含量+0.242×%乳蛋白含量+0.7832)/3.1138。

## 三、过瘤胃胆碱添加对围产期奶牛血清中肝功能指标的影响

试验期未发现过瘤胃胆碱添加与分娩相对时间对血清肝功能指标的交互效应($P>0.05$);与对照组相比,试验组血清 ALT、AST、LDH 和 GGT 的活性显著降低($P<0.05$);在产后 7 d 时,试验组血清 ALT、AST 和 LDH 的活性显著降低($P<0.05$);两组奶牛血清 ALP 活性在分娩后逐步降低($P<0.05$)(表 3-18)。

## 四、过瘤胃胆碱对物质代谢指标的影响

试验期未发现过瘤胃胆碱添加与分娩相对时间对物质代谢指标的交互效应($P>0.05$);与对照组相比,试验组血清总蛋白、球蛋白和胆固醇的含量显著降低($P<0.05$);在分娩后 7d 时,试验组血清 TG 浓度显著低于对照组($P<0.05$);在试验期,血清 NEFA 和 BHBA 在两组之间无显著差异($P>0.05$),但两组奶牛的 NEFA 和 BHBA 浓度在产后均显著增加($P<0.05$)(表 3-19)。

表 3-18 过瘤胃胆碱添加对围产期奶牛血清中肝功能指标的影响

| 项目 | 分娩相对时间/d | | | | | | | | SEM | P 值 | | |
| --- | --- | --- | --- | --- | --- | --- | --- | --- | --- | --- | --- | --- |
| | −7 | | 0 | | 7 | | 14 | | | | | |
| | C | E | C | E | C | E | C | E | | RPC | D | RPC×D |
| 丙氨酸氨基转移酶/(U/L) | 16.4 | 11.50 | 18.18 | 14.16 | 18.13[a] | 10.77[b] | 17.22 | 14.07 | 1.95 | 0.021 | 0.842 | 0.869 |
| 天门冬氨酸氨基转移酶/(U/L) | 85.10 | 64.93 | 119.68 | 107.46 | 124.42[a] | 81.97[b] | 120.86 | 74.05 | 12 | 0.022 | 0.194 | 0.665 |
| γ-谷氨酰基转移酶/(U/L) | 27.63 | 18.21 | 24.01 | 22.64 | 24.50 | 23.00 | 30.52[a] | 21.84[b] | 2.98 | 0.045 | 0.864 | 0.653 |
| 乳酸脱氢酶/(U/L) | 1101[a] | 937[b] | 1464 | 1222 | 1431[a] | 1009[b] | 1407 | 963 | 100 | 0.003 | 0.192 | 0.724 |
| 碱性磷酸酶/(U/L) | 46.80 | 53.94 | 61.98 | 67.31 | 52.62 | 41.98 | 39.02 | 35.48 | 2.5 | 0.931 | 0.002 | 0.548 |

注：同行数据肩标不同小写字母表示差异显著($P<0.05$)。

C代表对照组，E代表试验组，RPC代表过瘤胃胆碱添加，D代表分娩相对时间，RPC×D代表过瘤胃胆碱处理和分娩相对时间的交互作用。

**表 3-19　过瘤胃胆碱添加对围产期奶牛血清代谢物的影响**

| 项目 | 分娩相对时间/d | | | | | | | | SEM | P 值 | | |
|---|---|---|---|---|---|---|---|---|---|---|---|---|
| | −7 | | 0 | | 7 | | 14 | | | | | |
| | C | E | C | E | C | E | C | E | | RPC | D | RPC×D |
| 总蛋白/(g/L) | 71.80 | 70.81 | 74.80 | 70.41 | 76.45[a] | 64.82[b] | 77.42[a] | 67.68[b] | 2.5 | 0.04 | 0.96 | 0.664 |
| 球蛋白/(g/L) | 38.97 | 36.24 | 39.78[a] | 35.73[b] | 41.95 | 35.03 | 44.38[a] | 37.55[b] | 2.117 | 0.02 | 0.65 | 0.88 |
| 胆固醇/(mmol/L) | 2.69 | 2.45 | 2.75[a] | 2.14[b] | 2.67[a] | 2.06[b] | 2.65 | 2.47 | 0.214 | 0.04 | 0.90 | 0.821 |
| 甘油三酯/(mmol/L) | 0.25 | 0.33 | 0.19 | 0.10 | 0.12[a] | 0.08[b] | 0.10 | 0.09 | 0.028 | 0.71 | <0.001 | 0.222 |
| 血糖/(mmol/L) | 2.60 | 1.48 | 1.10 | 1.07 | 0.94 | 0.83 | 0.63 | 0.42 | 0.29 | 0.211 | 0.009 | 0.579 |
| 非酯化脂肪酸/(mmol/L) | 0.46 | 0.47 | 0.54 | 0.53 | 0.50 | 0.51 | 0.55 | 0.52 | 0.04 | 0.72 | 0.05 | 0.26 |
| β-羟丁酸/(μmol/L) | 0.84 | 0.85 | 1.13 | 1.00 | 1.15 | 1.14 | 1.00 | 1.02 | 0.024 | 0.85 | <0.001 | 0.79 |

注：同行数据肩标不同小写字母表示差异显著（$P<0.05$）。

C代表对照组，E代表试验组，RPC代表过瘤胃胆碱添加，D代表分娩相对时间，RPC×D代表过瘤胃胆碱处理和分娩相对时间的交互作用。

## 五、讨论与结论

### (一) 过瘤胃胆碱添加与生产性能

在本研究中,围产前期(产前 21 d 至分娩时)添加过瘤胃胆碱(30 g/d,含氯化胆碱 15 g/d),可使奶牛产后 15 d 内的日均产奶量提高 18.1%。在产后 30 d 时,过瘤胃胆碱添加虽然没有影响乳成分,但有增加能量矫正乳的趋势($P=0.08$)。本研究统计的产奶量数据组内差异过大,分析可能与研究所选取的奶牛头数偏少有一定关系。胆碱添加对奶牛产奶量和乳成分影响的研究结果并不一致。有些研究认为奶牛产奶量并没有随胆碱的添加而发生变化(Janovick Guretzky 等,2006),也有研究观察到产奶量有增加的趋势(Piepenbrink 等,2003),或者产奶量有显著提高(Elek 等,2008)。研究结果的不一致可能跟过瘤胃胆碱开始添加的时间、添加持续时间、添加水平和试验牛的体况水平等因素有关。国外对 11 项研究的数据分析表明,当过瘤胃胆碱添加量超过 40 g/d (>10 g/d 的氯化胆碱)时,过瘤胃胆碱的添加量与产奶量呈正相关(Pinotti 等,2010)。还有研究指出,过瘤胃胆碱添加对体况评分较高(BCS≥4,5 分制)的奶牛产奶量提升效果更显著(Zahra 等, 2006)。有研究指出围产期添加过瘤胃胆碱可提升产奶量,但并没有影响乳蛋白和乳脂含量(Pinotti 等,2003)。这与本研究的结论是一致的。也有研究表明,泌乳中后期奶牛日粮添加过瘤胃胆碱可以改变乳脂肪酸组成(Pineda 等,2015)。本研究中产奶量的增加可能源于过瘤胃胆碱有效缓解了肝脏功能的损害。遗憾的是,本研究仅检测了产后 30d 的乳成分,没有检测记录整个实验期乳成分和能量矫正乳的变化。

### (二)过瘤胃胆碱与肝脏功能和物质代谢

肝细胞完整性和功能的改变导致细胞坏死和细胞渗漏。脂肪肝奶牛,因为细胞损伤,特别是处于严重状态的奶牛的肝酶的循环浓度升高(Bobe 等,2014)。本研究中,过瘤胃胆碱添加显著降低了血清中肝酶(如 ALT、AST、GGT、LDH)的活性,体现出了对肝细胞的保护作用。同时,过瘤胃胆碱添加还显著降低了血清胆固醇和甘油三酯的水平。为此，推测过瘤胃胆碱能提高肝脏对 NEFA 的氧化能力，防止了脂肪酸对肝细胞的损伤。但是，过瘤胃胆碱并没有影响血浆葡萄糖浓度，这与其他研究一致（Zom 等，2011）。

血浆中 BHBA 和 NEFA 的浓度常被用作奶牛能量状况的指标。本研究中过瘤胃胆碱添加没有影响血浆 NEFA 和 BHBA 浓度，表明过瘤胃胆碱没有改变围产期奶牛的能量负平衡状态。有的研究也指出过瘤胃胆碱没有对血清 NEFA 浓度产生影响（Janovick Guretzky 等，2006；Zom 等，2011），也有研究认为过瘤胃胆碱添加降低了血液 NEFA 浓度（Pinotti 等，2003）。血浆 NEFA 浓度的降低似乎并不是因为脂解水平的降低，而可能归因于细胞内 NEFA 缓冲和运输的改善，以及碳水化合物代谢能力的提高等（Goselink 等，2012）。有些研究发现过瘤胃胆碱添加对围产期奶牛血液 BHBA 浓度有降低的效果，这归因于胆碱在肝脏基因网络促进 VLDL 合成和输出中发挥的积极作用（Goselink 等，2012）。

本研究还发现过瘤胃胆碱添加降低了血清总蛋白和球蛋白水平。血清球蛋白浓度能在一定程度上反映奶牛的免疫能力，我们推测过瘤胃胆碱可能一定程度降低了免疫水平。据报道，在妊娠最后 21 d 内每日补充胆碱 15 g 的奶牛发热发生率更高，且更容易患子宫炎（Lima 等，2012）。对照组有部分奶牛（2/10）发生了乳腺炎，导致本组体细胞数差异较大，而试验组未发现乳腺炎病例，这与血清球蛋白浓度的变化不一致。过瘤胃胆碱对奶牛免疫功能的影响及其机制还有待进一步研究。

### （三）结论

试验结果表明，产前 15 d 至分娩时奶牛每日添加 30 g 过瘤胃胆碱（含氯化胆碱 15 g），能够显著提高产后 15 d 内的日均产奶量，显著降低反映肝脏功能的血清 ALT、AST、LDH 活性，体现了对肝脏有显著的保护作用。

## 参考文献

[1] 安立刚，张凡建，孙健，等. 2018. 产前体况评分对围产期奶牛生产性能和血钙水平的影响[J]. 中国兽医杂志，54(10):75-77.

[2] 贝丽琴，吴心华，陈旭海，等. 2015. 奶牛分娩应激综合征[J]. 中国动物保健，17(12)：33-36.

[3] 侯引绪，孙健，王炎，等. 2015. 注射氟尼辛葡甲胺缓解奶牛分娩应激对血液生化指标的影响[J]. 中国奶牛，7：33-34.

[4] 焦平. 2009. 游离脂肪酸诱导脂肪细胞炎症反应和胰岛素抵抗的分子机制研究[D]. 吉林：吉林大学.

[5] 焦淑贤，王清兰，郭克峻，等. 1999. 奶牛分娩应激过程血液某些生化变化特点初步研究[J]. 中国农业科学，32(2)：82-86.

[6] 李吉楠，孙鹏，覃春富，等. 2013. 体况评分在奶牛饲养管理上应用的研究进展[J]. 中国畜牧兽医，40(10)：115-119.

[7] 刘国文，李心慰，李小兵，等. 2014. 奶牛生产疾病的早期诊断及群体监测[J]. 中国兽医学报，34(9)：1544-1550.

[8] 刘国文，王哲. 2004. 围产期奶牛能量代谢障碍性疾病的研究进展[J]. 黑龙江畜牧兽医，8：78-79.

[9] 刘艳芳，马健，马晨，等. 2018. 围产期奶牛免疫功能的调控[J]. 中国奶牛，331(1)：39-42.

[10] 刘兆喜，朱晓岩，王建国，等. 2012. 奶牛酮病的研究进展[J]. 中国畜牧兽医，39(4)：204-207.

[11] 阮含章，罗汉鹏，邵平平，等. 2016. 奶牛股部和乳房后部清洁度对日产奶量及体细胞数的影响[J]. 中国畜牧兽医，43 (1)：84-91.

[12] 邵大富，徐硕烁，张珅，等. 2015. 奶牛亚临床酮病发病率与泌乳天数、胎次及体况的关系[J]. 饲料研究，6：38-41.

[13] 宋维政，侯鑫. 2010. 体细胞数与乳成分、胎次、产奶量及季节之间关系的研究[J]. 中国乳业，3：43-45.

[14] 苏华维，曹志军，李胜利. 2011. 围产期奶牛的能量负平衡及能量代谢障碍性疾病[J]. 中国畜牧杂志，47(20)：39-44.

[15] 王刚，舒适，金锡山，等. 2016. 奶牛低血钙症与其他疾病的关系[J]. 中国兽医学报，36(10)：1758-1762.

[16] 王怡，刘宗平. 2013. 奶牛围产期脂肪代谢的研究进展[J]. 畜牧与兽医，45(4)：98-101.

[17] 魏琳琳，杨继业，秦雪，等. 2015. 季节、胎次、泌乳时期与奶牛产奶量及乳成分

的相关分析[J]. 中国奶牛，19-20(Z3):10-13.

[18] 肖鑫焕，许楚楚，王博，等. 2016. 奶牛低血钙早期预警指标的确立与评估[J]. 中国兽医学报，36(2):331-335.

[19] 徐硕烁，吴兆海，都文，等. 2014. 奶牛酮病经济损失评估[J]. 中国奶牛，15):62-64.

[20] 严磊，王家晶，姚璐连，等. 2017. 围产期奶牛血清糖、脂代谢变化的研究[J]. 畜牧与兽医，49(2):119-120.

[21] 杨开红，田超，刘宗平. 2013. 奶牛围产期应激的内分泌变化规律[J]. 中国奶牛，11:24-26.

[22] 姚路连. 2014. 奶牛围产期血清相关激素水平动态变化的研究[D]. 江苏:扬州大学.

[23] 叶耿坪，刘光磊，张春刚，等. 2016. 围产期奶牛生理特点、营养需要与精细化综合管理[J]. 中国奶牛，313(5):2-7.

[24] 于洪江，沈泰钰，高三思，等. 2016. 一胎奶牛与经产奶牛围产期血液生化指标对比研究[J]. 中国兽医学报，36(10):1753-1757.

[25] 张凡建，李丹，孙健，等. 2018. 围产期奶牛炎性反应与代谢紊乱[J]. 中国兽医杂志，54(09):66-68.

[26] 张凡建，刘辉，王炎，等. 2015. 奶牛主要亚临床疾病的科学防治[J]. 中国兽医杂志，51(10):99-100.

[27] 张辉. 2007. 脂联素对围产期奶牛脂肪动员的相关性研究[D]. 长春:吉林大学.

[28] 赵志波，彭志成，张玉明，等. 2017. 脂联素对酮病奶牛中性粒细胞自噬相关基因 mRNA 表达的影响[J]. 中国兽医学报，31(1):139-143.

[29] 祝兴林，王哲，刘国文，等. 2007. 酮病、脂肪肝奶牛胰岛素受体 mRNA 丰度[J]. 中国兽医学报，27(1):103-105.

[30] Akers R M. 2017. A 100-year review: Mammary development and lactation [J]. Journal of Dairy Science, 100:10332-10352.

[31] Alharthi A, Zhou Z, Lopreiato, et al. 2018. Body condition score prior to parturition is associated with plasma and adipose tissue biomarkers of lipid metabolism and inflammation in Holstein cows[J]. Journal of Animal Science and Biotechnology, 9(1):12.

[32] Allen M S, Bradford B J, Oba M. 2009. Board Invited Review: The hepatic oxidation theory of the control of feed intake and its application to ruminants [J]. Journal of Animal Science, 87(10):3317-3334.

[33] Ammann M. Regulation of Lipolysis in Adipocytes[J]. Annual Review of Nutrition, 2007,27(27):79-101.

[34] Top A M V D, Tol A V, Jansen H, et al. 2005. Fatty liver in dairy cows post partum is associated with decreased concentration of plasma triacylglycerols and decreased activity of lipoprotein lipase in adipocytes[J]. Journal of Dairy Research, 72(2):129-137.

[35] Ballou M A. 2012. Growth and Development Symposium: Inflammation: Role in the etiology and pathophysiology of clinical mastitis in dairy cows[J]. Journal of Animal Science, 90:1466-1478.

[36] Barletta R V, Maturana F M, Carvalho P D, et al. 2017. Association of changes among body condition score during the transition period with NEFA and BHBA concentrations, milk production, fertility, and health of Holstein cows[J]. Theriogenology, 104:30-36.

[37] Baumrucker C R, Bruckmaier R M. 2014. Colostrogenesis: IgG1 transcytosis mechanisms. Journal of mammary gland biology and neoplasia, 19:103-117.

[38] Baumrucker C R, Burkett A M, Magliaro-Macrina A L, et al. 2010. Colostrogenesis: Mass transfer of immunoglobulin G1 into colostrum[J]. Journal of Dairy Science,93:3031-3038.

[39] Baumrucker C R, Zbinden R S, Van Dorland H A, et al. 2014. Continuous milking of dairy cows disrupts timing of peak IgG concentration appearance in mammary secretions[J]. Journal of Dairy Research, 81:403-409.

[40] Bell A W. 1995. Regulation of organic nutrient metabolism during transition from late pregnancy to early lactation[J]. Journal of Animal Science, 73(9): 2804-2819.

[41] Berry D P, Lee J M, Macdonald K A, et al. 2007. Associations among body condition score, body weight, somatic cell count, and clinical mastitis in seasonally calving dairy cattle[J]. Journal of Dairy Science, 90(2):637-648.

[42] Bertoni G, Trevisi, Han E X, et al. 2008. Effects of inflammatory conditions

on liver activity in puerperium period and consequences for performance in dairy cows[J]. Journal of Dairy Science 91:3300-3310.

[43] Blache D, Zhang S, Martin G B. 2006. Dynamic and integrative aspects of the regulation of reproduction by metabolic status in male sheep[J]. Reproduction Nutrition Development, 46(1):379-390.

[44] Block S S, Butler W R, Ehrhardt R A, et al. 2001. Decreased concentration of plasma leptin in periparturient dairy cows is caused by negative energy balance [J]. Journal of Endocrinology, 171(2):339-348.

[45] Bobe G, Young J W, Beitz D C. 2004. Invited review: pathology, etiology, prevention, and treatment of fatty liver in dairy cows[J]. Journal of Dairy Science, 87(10):3105-3124.

[46] Borsberry S, Dobson H. 1989. Periparturient diseases and their effect on reproductive performance in five dairy herds[J]. Veterinary Record, 124(9): 217-219.

[47] Bradford B J, Yuan K, Farney J K, et al. 2015. Invited Review: Inflammation during the transition to lactation: New adventures with an old flame[J]. Journal of Dairy Science, 98:6631-6650.

[48] Bruckmaie R M, Gross J J. 2017. Lactational challenges in transition dairy cows[J]. Animal Production Science, 57:1471-1481.

[49] Chilliard Y, Delavaud C, Bonnet M. 2005. Leptin expression in ruminants: Nutritional and physiological regulations in relation with energy metabolism [J]. Domestic Animal Endocrinology, 29(1):3-22.

[50] Choi S M, Tucker D F, Gross D N, et al. 2010. Insulin regulates adipocyte lipolysis via an Akt-independent signaling pathway[J]. Molecular Cellular Biology, 30(21):5009.

[51] Contreas G A, Strieder-Barboza C, Raphael W. 2017. Adipose tissue lipolysis and remodeling during the transition period of dairy cows[J]. Journal of Animal Science and Biotechnology, 8(4):787-798.

[52] Contreras L L, Ryan C M, Overton T R. 2004. Effects of dry cow grouping strategy and prepartum body condition score on performance and health of transition dairy cows[J]. Journal of Dairy Science, 87(2):517-523.

[53] Curtis C R, Erb H N, Sniffen C J, et al. 1983. Association of parturient hypocalcemia with eight periparturient disorders in Holstein cows[J]. Journal of the American Veterinary Medical Association, 183(5):559-561.

[54] Cuzzocrea S, Pisano B, Dugo L, et al. 2003. Rosiglitazone and 15-deoxy-Delta12,14-prostaglandin J2, ligands of the peroxisome proliferator-activated receptor-gamma (PPAR-gamma), reduce ischaemia/reperfusion injury of the gut[J]. British Journal of Pharmacology, 140(2):366-376.

[55] De K J, Hostens M, Van E M, et al. 2015. Insulin response of the glucose and fatty acid metabolism in dry dairy cows across a range of body condition scores [J]. Journal of Dairy Science, 98(7):4580-4592.

[56] De K J, Van D B W, Hulpio L, et al. 2016. Influence of adipocyte size and adipose depot on the in vitro lipolytic activity and insulin sensitivity of adipose tissue in dairy cows at the end of the dry period[J]. Journal of Dairy Science, 99(3):2319-2328.

[57] De K J, Van D B W, Hulpio L, et al. 2016. Influence of adipocyte size and adipose depot on the in vitro lipolytic activity and insulin sensitivity of adipose tissue in dairy cows at the end of the dry period[J]. Journal of Dairy Science, 99(3):2319-2328.

[58] De Koster J D, Opsomer G. 2013. Insulin resistance in dairy cows[J]. Veterinary Clinics of North America: Food Animal Practice, 29(2):299.

[59] De Koster J D, Opasomer G. 2013. Insulin resistance in dairy cows[J]. Veterinary clinics of North America Food animal practice, 29:299-322.

[60] Del Rincon J P, Iida K, Gaylinn B D, et al. 2007. Growth hormone regulation of p85alpha expression and phosphoinositide 3-kinase activity in adipose tissue: mechanism for growth hormone-mediated insulin resistance[J]. Diabetes, 56 (6):1638-1646.

[61]Domecq J J, Skidmore A L, Lloyd J W, et al. 1997. Relationship between body condition scores and milk yield in a large dairy herd of high yielding Holstein cows[J]. Journal of Dairy Science, 80(1):113.

[62] Dongsheng C, Minsheng Y, Frantz D F, et al. 2005. Local and systemic insulin resistance resulting from hepatic activation of IKK-beta and NF-kappaB

[J]. Nature Medicine, 11(2):183-190.

[63] Drackley J K. 1999. Biology of dairy cows during the transition period: the final frontier[J]. Journal of Dairy Science, 82(11):2259-2273.

[64] Drackley J K, Overton T R, Douglas G N. 2001. Adaptations of glucose and long-chain fatty acid metabolism in Liver of dairy cows during the periparturient period[J]. Journal of Dairy Science, 84(84):E100-E112.

[65] Elek P, Newbold J R, Gaal T, et al. 2008. Effects of rumen-protected choline supplementation on milk production and choline supply of periparturient dairy cows[J]. Animal, 2(11):1595-1601.

[66] Farney J K, Mamedova L K, Coetzee J F, et al. 2013. Anti-inflammatory salicylate treatment alters the metabolic adaptations to lactation in dairy cattle [J]. American Journal of Physiology. Regulatory, Integrative and Comparative Physiology, 305:R110-R117.

[67] Frey H J, Gross J J, Petermann R, et al. 2018. Performance, body fat reserves and plasma metabolites in Brown Swiss dairy cows: Indoor feeding versus pasture-based feeding[J]. Journal of Animal Physiology and Animal Nutrition (Berl.) 102:e746-e757.

[68] Gallo L, Carnier P, Cassandro M, et al. 1996. Change in body condition score of Holstein cows as affected by parity and mature equivalent milk yield[J]. Journal of Dairy Science, 79(6):1009-1015.

[69] Garnsworthy P C, Topps J H. The effect of body condition of dairy cows at calving on their food intake and performance when given complete diets[J]. Animal Science, 2010,35(35):113-119.

[70] Geiger A J, Parsons C L M, Akers R M. 2016. Feeding a higher plane of nutrition and providing exogenous estrogen increases mammary gland development in Holstein heifer calves[J]. Journal of Dairy Science, 99:7642-7653.

[71] Gerloff B J. 2000. Dry cow management for the prevention of ketosis and fatty liver in dairy cows[J]. Veterinary Clinics Of North America Food Animal Practice, 16(2):283-292.

[72]Giesy S L, Bohyung Y, W Bruce C, et al. 2012. Adiponectin deficit during the

precarious glucose economy of early lactation in dairy cows[J]. Endocrinology, 153(12):5834-5844.

[73] Gillund P, Reksen O, Gröhn Y T, et al. 2001. Body condition related to ketosis and reproductive performance in Norwegian dairy cows[J]. Journal of Dairy Science, 84(6):1390-1396.

[74] Glatz J F C, Luiken J J F P, Arend B. 2010. Membrane fatty acid transporters as regulators of lipid metabolism: implications for metabolic disease[J]. Physiological Reviews, 90(1):367-417.

[75] Goff J P. 2008. The monitoring, prevention, and treatment of milk fever and subclinical hypocalcemia in dairy cows[J]. Veterinary Journal, 176(1):50-57.

[76] Goselink R M A, Van Baal J, Widjaja H C A, et al. 2013. Effect of rumen-protected choline supplementation on liver and adipose gene expression during the transition period in dairy cattle[J]. Journal of Dairy Science, 96(2):1102-1116.

[77] Grala T M, Lucy M C, Phyn C V C, et al. 2011. Somatotropic axis and concentrate supplementation in grazing dairy cows of genetically diverse origin [J]. Journal of Dairy Science,94:303-315.

[78] Gross J J, Bruckmaier R M. 2019. Invited review: Metabolic challenges and adaptation during different functional stages of the mammary gland in dairy cows: Perspectives for sustainable milk production. Journal of Dairy Science, 102(4):1-16.

[79] Gross J J, Grossen-Rosti L, Schmitz-Hsu F, et al. 2016. Metabolic adaptation recorded during one lactation does not allow predicting longevity in dairy cows [J]. Schweizer Archiv fur Tierheilkunde, 158:565-571.

[80] Gross J J, Kessler E C, Bjerre-Harpoth V, et al. 2014a. Peripartal progesterone and prolactin have little effect on the rapid transport of immunoglobulin G into colostrum of dairy cows[J]. Journal of Dairy Science, 97:2923-2931.

[81] Gross J J, Kessler E C, Bruckmaier R M. 2017. Quarter vs. composite colostrum composition assessed by Brix refractometry, specific gravity and visual color appearance in primiparous and multiparous dairy cows [J]. Translational Animal Science, 1:26-35.

[82] Gross J, Van Dorland H A, Schwarz F J, et al. 2011. Endocrine changes and liver mRNA abundance of somatotropic axis and insulin system constituents during negative energy balance at different stages of lactation in dairy cows[J]. Journal of Dairy Science, 94:3484-3494.

[83] Grummer R R. 2008. Nutritional and management strategies for the prevention of fatty liver in dairy cattle[J]. Veterinary Journal, 176(1):10-20.

[84] Ha N T, Sharifi A R, Heise J, et al. 2017. A reaction norm sire model to study the effect of metabolic challenge in early lactation on the functional longevity of dairy cows[J]. Journal of Dairy Science,100:3742-3753.

[85] Hayirli A, Grummer R R, Nordheim E V, et al. 2002. Animal and dietary factors affecting feed intake during the prefresh transition period in Holsteins [J]. Journal of Dairy Science, 85(12):3430-3443.

[86] Hayirli A. 2006. The Role of Exogenous Insulin in the Complex of Hepatic Lipidosis and Ketosis Associated with Insulin Resistance Phenomenon in Postpartum Dairy Cattle[J]. Veterinary Research Communications, 30(7): 749-774.

[87] Hayirli A. 2006. The Role of Exogenous Insulin in the Complex of Hepatic Lipidosis and Ketosis Associated with Insulin Resistance Phenomenon in Postpartum Dairy Cattle[J]. Veterinary Research Communications, 30(7): 749-774.

[88] Henning S M, Swendseid M E, Ivandic B T, et al. 1997. Vitamins C, E and A and heme oxygenase in rats fed methyl/folate-deficient diets[J]. Free Radical Biology Medicine, 23(6):936-942.

[89] Herdt T H. 2000. Ruminant adaptation to negative energy balance. Influences on the etiology of ketosis and fatty liver[J]. Veterinary Clinics of North America Food Animal Practice, 16(2):215-230.

[90] Heuer Cukken Y H, Dobbelaar P. 1999. Postpartum body condition score and results from the first test day milk as predictors of disease, fertility, yield, and culling in commercial dairy herds[J]. Journal of Dairy Science, 82(2):295-304.

[91] Hirosumi J, Tuncman G, Chang L, et al. 2002. A central role for JNK in obesity and insulin resistance[J]. Nature,420:333-336.

[92] Holtenius K, Agenäs S, Delavaud C, et al. 2003. Effects of feeding intensity during the dry period. 2. metabolic and hormonal pesponses[J]. Journal of Dairy Science, 86(3):883-891.

[93] Holtenius P, Holtenius K. 2007. A model to estimate insulin sensitivity in dairy cows[J]. Acta Veterinaria Scandinavica, 49(1):1-3.

[94] Hong R, Miles P D G, Ladd C M, et al. 2002. Profiling gene transcription in vivo reveals adipose tissue as an immediate target of tumor necrosis factor-alpha: implications for insulin resistance[J]. Diabetes, 51(11):3176-3188.

[95] Horst R L,Goff J P,Reinhardt T A,et al. 1997. Strategies for preventing milk fever in dairy cattle[J]. Journal of Dairy Science, 80(7):1269-1280.

[96]Hotamisligil G S. 2006. Inflammation and metabolic disorders[J]. Nature 444: 860-867.

[97] Houseknecht K L, Bauman D E. 1997. Regulation of lipolysis by somatotropin: functional alteration of adrenergic and adenosine signaling in bovine adipose tissue[J]. Journal of Endocrinology, 152(3):465-475.

[98] Jakson H, Karis P, Ling K, et al. 2018. Adipose tissue insulin receptor and glucose transporter 4 expression, and blood glucose and insulin responses during glucose tolerance tests in transition Holstein cows with different body condition [J]. Journal of Dairy Science, 101(1):752-766.

[99] Janovick Guretzky N A, Carlson D B, Garrett J E, et al. 2006. Lipid metabolite profiles and milk production for Holstein and Jersey cows fed rumen-protected choline during the periparturient period[J]. Journal of Dairy Science, 89(1):188-200.

[100] Ji P, Osorio J S, Drackley J K, et al. 2012. Overfeeding a moderate energy diet prepartum does not impair bovine subcutaneous adipose tissue insulin signal transduction and induces marked changes in peripartal gene network expression[J]. Journal of Dairy Science, 95(8):4333-4351.

[101] Jorritsma R, Jorritsma H, Schukken Y H, et al. 2001. Prevalence and indicators of

post partum fatty infiltration of the liver in nine commercial dairy herds in The Netherlands[J]. Livestock Production Science, 68(1):53-60.

[102] Kabara E, Sordillo L M, Holcombe S, et al. 2014. Adiponectin links adipose tissue function and monocyte inflammatory responses during bovine metabolic stress[J]. Comparative Immunology Microbiology Infectious Diseases, 37(1):49-58.

[103] Katoh N. 2002. Relevance of apolipoproteins in the development of fatty liver and fatty liver-related peripartum diseases in dairy cows[J]. Journal of Veterinary Medical Science, 64(4):293.

[104] Kessler E C, Gross J J, Bruckmaier R M. 2013. Different adaptation of IGF-I and its IGFBPs in dairy cows during a negative energy balance in early lactation and a negative energy balance induced by feed restriction in mid lactation[J]. Veterinarni Medicina, 58:459-467.

[105] Khan M J, Hosseini A, Burrell S, et al. 2013. Change in subcutaneous adipose tissue metabolism and gene network expression during the transition period in dairy cows, including differences due to sire genetic merit[J]. Journal of Dairy Science, 96(4):2171-2182.

[106] Khan M J, Jacometo C B, Graugnard D E, et al. 2014. Overfeeding dairy cattle during late-pregnancy alters hepatic PPARα-regulated pathways including hepatokines: impact on metabolism and peripheral insulin sensitivity [J]. Gene Regulation Systems Biology, 8(8):97-111.

[107] Kim I H, Suh G H. 2003. Effect of the amount of body condition loss from the dry to near calving periods on the subsequent body condition change, occurrence of postpartum diseases, metabolic parameters and reproductive performance in Holstein dairy cows[J]. Theriogenology, 60(8):1445-1456.

[108] Kimura K, Goff JP, Kehrli Me Jr. 1999. Effects of the presence of the mammary gland on expression of neutrophil adhesion molecules and myeloperoxidase activity in periparturient dairy cows[J]. Journal of Dairy Science, 82(11):2385-92.

[109] Korst M, Koch C, Kesser J, et al. 2017. Different milk feeding intensities

during the first 4 weeks of rearing in dairy calves: Part 1: Effects on performance and production from birth over the first lactation[J]. Journal of Dairy Science, 100:3096-3108.

[110] Koster J D, Urh C, Hostens M, et al. 2017. Relationship between serum adiponectin concentration, body condition score, and peripheral tissue insulin response of dairy cows during the dry period [J]. Domestic Animal Endocrinology, 59:100-104.

[111] Kushibiki S, Hodate K, Shingu H, et al. 2001. Insulin resistance induced in dairy steers by tumor necrosis factor alpha is partially reversed by 2, 4-thiazolidinedione[J]. Domestic Animal Endocrinology, 21(1):25-37.

[112] Laeger T, Sauerwein H, Tuchscherer A, et al. 2013. Concentrations of hormones and metabolites in cerebrospinal fluid and plasma of dairy cows during the periparturient period[J]. Journal of Dairy Science, 96(5):2883-2893.

[113] Langin D. 2010. Adipose tissue lipolysis revisited (again!): lactate involvement in insulin antilipolytic action. Cell Metabolism, 11(4):242-243.

[114] Leblanc S J, Lissemore K D, Kelton D F, et al. 2006. Major advances in disease prevention in dairy cattle[J]. Journal of dairy Science, 89(4):1267-1279.

[115] Leblanc S J, Osawa T, Dubuc J. 2011. Reproductive tract defense and disease in postpartum dairy cows[J]. Theriogenology, 76:1610-1618.

[116] Leblanc S. 2010. Monitoring metabolic health of dairy cattle in the transition period[J]. Journal of Reproduction and Development, 56 Suppl(Suppl): S29-35.

[117] Leiva T, Cooke R F, Brand O A P, et al. 2015. Effects of rumen-protected choline supplementation on metabolic and performance responses of transition dairy cows[J]. Journal of Animal Science, 93(4):1896.

[118] Leonardini A, Laviola L, Perrini S, et al. 2009. Cross-Talk between PPARγ and Insulin Signaling and Modulation of Insulin Sensitivity [J]. PPAR Research:1-12.

[119] Liao W, Nguyen M T A, Yoshizaki T, et al. 2007. Suppression of PPAR-γ attenuates insulin-stimulated glucose uptake by affecting both GLUT1 and GLUT4 in 3T3-L1 adipocytes [J]. American Journal of Physiology Endocrinology and Metabolism, 293(1):219-227.

[120] Lima F, Sa Filho M, Greco L, et al. 2012. Effects of feeding rumen-protected choline on incidence of diseases and reproduction of dairy cows[J]. Veterinary Journal, 193, 140-145.

[121] Lima F, Sá Filho M, Greco L, et al. 2007. Effects of feeding rumen-protected choline (RPC) on lactation and metabolism. [J]. Journal of Dairy Science, 90(1):174.

[122] Lima F S, Sá Filho M F, Greco L F, et al. 2012. Effects of feeding rumen-protected choline on incidence of diseases and reproduction of dairy cows[J]. Veterinary Journal, 193(1):140 - 145.

[123] Maeda N, Takahashi M, Funahashi T, et al. 2001. PPARγ ligands Increase expression and plasma concentrations of adiponectin, an adipose-derived protein[J]. Diabetes, 50(9):2094-2099.

[124] Mamedova L K, Yuan K, Laudick A N, et al. 2013. Toll-like receptor 4 signaling is required for induction of gluconeogenic gene expression by palmitate in human hepatic carcinoma cells [J]. Journal of Nutritional Biochemistry, 24:1499-1507.

[125] Mann S, Nydam D V, Abuelo A, et al. 2016. Insulin signaling, inflammation, and lipolysis in subcutaneous adipose tissue of transition dairy cows either overfed energy during the prepartum period or fed a controlled-energy diet[J]. Journal of Dairy Science, 99(8):6737-6752.

[126] Markusfeld O, Galon N, Ezra E. 1997. Body condition score, health, yield and fertility in dairy cows[J]. Veterinary Record, 141(3):67.

[127] Marques R S, Cooke R F, Francisco C L, et al. 2012. Effects of twenty-four hour transport or twenty-four hour feed and water deprivation on physiologic and performance responses of feeder cattle[J]. Journal of Animal Science, 90: 5040-5046.

[128] Martel C A, Mamedova L K, Minton J E, et al. 2014. Continuous low-dose infusion of tumor necrosis factor alpha in adipose tissue elevates adipose tissue interleukin 10 abundance and fails to alter metabolism in lactating dairy cows [J]. Journal of Dairy Science, 97:4897-4906.

[129] Martinez N, Risco C A, Lima F S, et al. 2012. Evaluation of peripartal calcium status, energetic profile, and neutrophil function in dairy cows at low or high risk of developing uterine disease[J]. Journal of Dairy Science, 95 (12):7158-7172.

[130] Mccarthy M M, Mann S, Nydam D V, et al. 2015. Short communication: Concentrations of nonesterified fatty acids and β-hydroxybutyrate in dairy cows are not well correlated during the transition period[J]. Journal of Dairy Science, 98(9):6284-6290.

[131] Newton K, Dixit V M. 2012. Signaling in innate immunity and inflammation[J]. Cold Spring Harbor Perspectives in Biology, 4:a006049.

[132] Noriyuki O, Shinji K, Tohru F, et al. 2003. Obesity, adiponectin and vascular inflammatory disease[J]. Current Opinion in Lipidology, 14(6): 561.

[133] Osorio J S, Ji P, Drackley J K, et al. 2013. Supplemental Smartamine M or MetaSmart during the transition period benefits postpartal cow performance and blood neutrophil function[J]. Journal of Dairy Science, 96(10):6248-6263.

[134] Ospina P A, Nydam D V, Stokol T, et al. 2010. Evaluation of nonesterified fatty acids and β-hydroxybutyrate in transition dairy cattle in the northeastern United States: Critical thresholds for prediction of clinical diseases [J]. Journal of Dairy Science, 93(2):546-554.

[135] Pearce S C, Mani, Weber V T E, et al. 2013. Heat stress and reduced plane of nutrition decreases intestinal integrity and function in pigs[J]. Journal of Animal Science,91:5183-5193.

[136] Piepenbrink M S,Overton T R. 2003. Liver metabolism and production of cows fed increasing amounts of rumen-protected choline during the peripar-

turient period. Journal of Dairy Science, 86(5):1722-1733.

[137] Pineda A, Cardoso F C. 2015. Effects of rumen-protected choline with calcium salts of long chain fatty acids on milk yield and milk composition of middle and late lactation Holstein cows[J]. Livestock Science, 175: 47-58.

[138] Pinotti L, Baldi A, Politis I, et al. 2003. Rumen-protected choline administration to transition cows: effects on milk production and vitamin E status[J]. Journal of Veterinary Medicine Series A, 50(1):18-21.

[139] Pinotti L, Polidori C, Campagnoli A, et al. 2010. A meta-analysis of the effects of rumen protected choline supplementation on milk production in dairy cows. In Energy and Protein Metabolism and Nutrition, pp. 321-322 [G. Matteo Grovetto, editor]. Wageningen, the Netherlands: Wageningen Academic Publishers.

[140] Pinotti L, Polidori C, Campagnoli A, et al. 2010. A meta-analysis of the effects of rumen protected choline supplementation on milk production in dairy cows[J]. EAAP Scientific Series, 127(1):321-322.

[141] Pires J A A, Delavaud C, Faulconnier Y, et al. 2013. Effects of body condition score at calving on indicators of fat and protein mobilization of periparturient Holstein-Friesian cows[J]. Journal of Dairy Science, 96(10): 6423-6439.

[142] Pires J A A, Pescara J B, Grummer R R. 2007. Reduction of plasma NEFA concentration by nicotinic acid enhances the response to insulin in feed-restricted Holstein Cows[J]. Journal of Dairy Science, 90(10):4635-4642.

[143] Purup S, Vestergaard M, Weber M S, et al. 2000. Local regulation of pubertal mammary growth in heifers[J]. Journal of Animal Science, 78 (Suppl. 3):36-47.

[144] Qu Y, Fadden A N, Traber M G, et al. 2014. Potential risk indicators of retained placenta and other diseases in multiparous cows[J]. Journal of Dairy Science, 97:4151-4165.

[145] Reverchon M, Ramé C, Cognié J, et al. 2014. Resistin in dairy cows: plasma concentrations during early lactation, expression and potential role in adipose

tissue[J]. Plos One, 9(3):e93198.

[146] Roche J R, Berry D P. 2006. Periparturient climatic, animal, and management factors influencing the incidence of milk Fever in grazing systems[J]. Journal of Dairy Science, 89(7):2775-2783.

[147] Roche J R, Friggens N C, Kay J K, et al. 2009. Invited review: Body condition score and its association with dairy cow productivity, health, and welfare[J]. Journal of Dairy Science, 92(12):5769-5801.

[148] Roche J R, Kay J K, Friggens N C, et al. 2013. Assessing and Managing Body Condition Score for the Prevention of Metabolic Disease in Dairy Cows [J]. Veterinary Clinics of North America: Food Animal Practice, 29(2):323-336.

[149] Roche J R, Lee J M, Macdonald K A, et al. 2007. Relationships among body condition score, body weight, and milk production variables in pasture-based dairy cows[J]. Journal of Dairy Science, 90(8):3802-3815.

[150] Roche J R, Macdonald K A, Burke C R, et al. 2007. Associations among body condition score, body weight, and reproductive performance in seasonal-calving dairy cattle[J]. Journal of Dairy Science, 90(1):376-391.

[151] Roche J R, Meier S, Heiser A, et al. 2015. Effects of precalving body condition score and prepartum feeding level on production, reproduction, and health parameters in pasture-based transition dairy cows[J]. Journal of Dairy Science, 98(10):7164-7182.

[152] Ryo M, Nakamura T, Kihara S, et al. 2004. Adiponectin as a biomarker of the metabolic syndrome[J]. Japanese Circulation Journal, 68(11):975-981.

[153] Saltiel A R, Kahn C R. 2001,. Insulin signalling and the regulation of glucose and lipid metabolism[J]. Nature, 414(6865):799-806.

[154] Samarutel J, Baumrucker C R, Gross J J, et al. 2016. Quarter variation and correlations of colostrum albumin, immunoglobulin G1 and G2 in dairy cows [J]. Journal of Dairy Research 83:209-218.

[155] Saremi B, Winand S, Friedrichs P, et al. 2014. Longitudinal profiling of the tissue-specific expression of genes related with insulin sensitivity in dairy cows

during lactati5on focusing on different fat depots[J]. PLoS ONE, 9(1): e86211.

[156] Schoenberg K M, Perfield K L, Farney J K, et al. 2011. Effects of prepartum 2,4-thiazolidinedione on insulin sensitivity, plasma concentrations of tumor necrosis factor-α and leptin, and adipose tissue gene expression[J]. Journal of Dairy Science, 94(11):5523-5532.

[157] Schulz K, Frahm J, Meyer U, et al. 2014. Effects of prepartal body condition score and peripartal energy supply of dairy cows on postpartal lipolysis, energy balance and ketogenesis: an animal model to investigate subclinical ketosis[J]. Journal of Dairy Research, 81(3):257-266.

[158] Selim S, Kokkonen T, Taponen J, et al. 2015. Effect of prepartal ad libitum feeding of grass silage on transcriptional adaptations of the liver and subcutaneous adipose tissue in dairy cows during the periparturient period[J]. Journal of Dairy Science, 98(8):5515-5528.

[159] Shahsavari A, D'occhio, Michael J, Al Jassim R. 2016. The role of rumen-protected choline in hepatic function and performance of transition dairy cows [J]. British Journal of Nutrition, 116(01):35-44.

[160] Shanshan L, Hyun Joon S, Ding E L, et al. 2009. Adiponectin levels and risk of type 2 diabetes: a systematic review and meta-analysis[J]. The Journal of the American Medical Association, 302(2):179.

[161] Sharama B K, Erdman R A. 1988. Effects of high amounts of dietary choline supplementation on duodenal choline flow and production responses of dairy cows[J]. Journal of Dairy Science, 71(10): 2670-2676.

[162] Singh S P, Haussler S, Gross J J, et al. 2014. Short communication: Circulating and milk adiponectin change differently during energy deficiency at different stages of lactation in dairy cows[J]. Journal of Dairy Science, 97: 1535-1542.

[163] Smith K L, Butler W R, Overton T R. 2009. Effects of prepartum 2,4-thiazolidinedione on metabolism and performance in transition dairy cows[J]. Journal of Dairy Science, 92(8):3623-3633.

[164] Sordillo L M, Raphael W. 2013. Significance of Metabolic Stress, Lipid Mobilization, and Inflammation on Transition Cow Disorders[J]. Veterinary Clinics of North America: Food Animal Practice, 29(2):267-278.

[165] Spite M, Claria J, Serhan C N. 2014. Resolvins, specialized proresolving lipid mediators, and their potential roles in metabolic diseases [J]. Cell Metabolism, 19:21-36.

[166] Stockdale C R. 2001. Body condition at calving and the performance of dairy cows in early lactation under Australian conditions [J]. Australian Journal of Experimental Agriculture, 41(6):823-839.

[167] Straten M V, Friger M, ShpigelL N Y. 2009. Events of elevated somatic cell counts in high-producing dairy cows are associated with daily body weight loss in early lactation[J]. Journal of Dairy Science, 92(9):4386-4394.

[168] Sumner J M, Mcnamara J P. 2007. Expression of lipolytic genes in the adipose tissue of pregnant and lactating Holstein dairy cattle[J]. Journal of Dairy Science, 90(11):5237-5246.

[169] Takeuchi O, Aakira S. 2010. Pattern recognition receptors and inflammation [J]. Cell, 140:805-820.

[170] Valati-Riboni M, Kanwal M, Bulgari O, et al. 2016. Body condition score and plane of nutrition prepartum affect adipose tissue transcriptome regulators of metabolism and inflammation in grazing dairy cows during the transition period[J]. Journal of Dairy Science, 99(1):758-770.

[171] Van Saun R J, Sniffen C J. 2014. Transition cow nutrition and feeding management for disease prevention[J]. Veterinary Clinics of North America Food Animal Practice, 30(3):689-719.

[172] Waldron M R, Kulick A E, Bell A W, et al. 2006. Acute experimental mastitis is not causal toward the development of energy-related metabolic disorders in early postpartum dairy cows[J]. Journal of Dairy Science 89:596-610.

[173] Waltner S S, Mcnamara J P, Hillers J K, et al. 1994. Validation of indirect measures of body fat in lactating cows[J]. Journal of Dairy Science, 77(9):

2570.

[174] Weber M, Locher L, Huber K, et al. 2016. Longitudinal changes in adipose tissue of dairy cows from late pregnancy to lactation. Part 1: The adipokines apelin and resistin and their relationship to receptors linked with lipolysis[J]. Journal of Dairy Science, 99(2):1549-1559.

[175] Wensing T, Kruip T, Geelen M J H, et al. 1997. Postpartum fatty liver in high-producing dairy cows in practice and in animal studies. The connection with health, production and reproduction problems [J]. Comparative Haematology International, 7(3):167-171.

[176] Yamauchi T, Kamon J, Waki H, et al. 2001. The fat-derived hormone adiponectin reverses insulin resistance associated with both lipoatrophy and obesity[J]. Nature Medicine,7(8):941-946.

[177] Ye J. 2013. Mechanisms of insulin resistance in obesity [J]. Frontiers of Medicine, 7:14-24.

[178] Yuan K, J K Farney, L K Mamedova, et al. 2013. TNFα altered inflammatory responses, impaired health and productivity, but did not affect glucose or lipid metabolism in early-lactation dairy cows[J]. PLoS ONE, 8:e80316.

[179] Yuan K, Mendonca L G D, Hulbert L E, et al. 2015. Yeast product supplementation modulated humoral and mucosal immunity and uterine inflammatory signals in transition dairy cows[J]. Journal of Dairy Science, 98:3236-3246.

[180] Yuan K. 2014. Metabolic inflammation and immunomodulation in dairy cows [D]. Kansas: Kansas State University,7-56.

[181] Yuan M, Konstantopoulos N, Lee J, et al. 2001. Reversal of obesity- and diet-induced insulin resistance with salicylates or targeted disruption of Iκbeta [J]. Science, 293:1673-1677.

[182] Zachut M, Honig H, Striem S, et al. 2013. Periparturient dairy cows do not exhibit hepatic insulin resistance, yet adipose-specific insulin resistance occurs in cows prone to high weight loss[J]. Journal of Dairy Science, 96(9):5656-5669.

[183] Zahra L C, Duffield T F, Leslie K E, et al. 2006. Effects of rumen-protected choline and monensin on milk production and metabolism of periparturient dairy cows[J]. Journal of Dairy Science, 89(12):4808-4818.

[184] Zbinden R S, Falk M, Munger A, et al. 2017. Metabolic load in dairy cows kept in herbage based feeding systems and suitability of potential markers for compromised well-being [J]. Journal of Animal Physiology and Animal Nutrition(Berl.) 101:767-778.

[185] Zhang Z, Wang J, Gao R, et al. 2013. High-energy diet at antepartum decreases insulin receptor gene expression in adipose tissue of postpartum dairy cows [J]. Bulletin of the Veterinary Institute in Pulawy, 57(2):203-207.

[186] Zom R L G, Van Baal J, Goselink R M A, et al. 2011. Effect of rumen-protected choline on performance, blood metabolites, and hepatic triacylglycerols of periparturient dairy cattle[J]. Journal of Dairy Science, 94(8):4016-4027.

# 附录

## 作者发表的与本研究有关的论文

[1] Zhang F J, Weng X G, Wang J F, et al. 2014. Effects of temperature-humidity index and chromium supplementation on antioxidant capacity, heat shock protein 72, and cytokine responses of lactating cows. Journal of Animal Science, 92:3026-3034.

[2] Zhang F J, Li D, Wu Q, et al. 2019. Prepartum body conditions affect insulin signaling pathways in postpartum adipose tissues in transition dairy cows. Journal of Animal Science and Biotechnology, 10:38.

[3] 张凡建，安立刚，李丹，等. 2019. 产前添加过瘤胃胆碱对围产期奶牛生产性能和肝脏功能的影响. 中国畜牧杂志，DOI：10.19556/j.0258-7033.20190808-02.

[4] 关文怡，乔立东，张凡建. 2019. 围产期奶牛血清代谢物和相关激素水平的变化规律研究. 中国畜牧杂志，55(6)：128-130.

[5] 张凡建，马建民，孙健，等. 2018. 头胎与经产奶牛围产期血脂代谢物及相关激素水平的比较. 中国兽医杂志，54(11)：23-25.

[6] 安立刚，张凡建，孙健，等. 2018. 产前体况评分对围产期奶牛生产性能和血钙水平的影响. 中国兽医杂志，54(10)：67-69.

[7] 张凡建，李丹，孙健，等. 2018. 围产期奶牛炎性反应与代谢紊乱. 中国兽医杂志，54(9)：64-66.

[8] 张凡建，乔立东，孙健，等. 2017. 头胎与经产奶牛围产期生产性能和血清生化指标的比较. 中国畜牧兽医，44(8)：2529-2532.

[9] 张凡建，乔立东，王明利，等. 2017. 围产期奶牛代谢健康的监控措施分析.

中国兽医杂志，53(6):66-68.

[10] 张凡建，徐聪，翁晓刚，等. 2014. 不同程度热应激对泌乳中期奶牛产奶量和乳成分的影响. 中国兽医学报，34(10):1686-1688.

[11] 张凡建，翟丛丛，王明利，等. 2014. 日粮添加有机铬对奶牛生产的影响. 中国奶牛，7:9-11.

[12] 张凡建，岳圆，侯引绪，等. 2012. 缓解夏季奶牛热应激的综合措施. 中国兽医杂志，48(11):77-79 .

[13] 张凡建，关文怡，岳圆，等. 2012. 物理性降温措施缓解奶牛热应激的研究进展. 中国畜牧兽医，39(6)：236-238.

[14] 张凡建，王九峰，侯引绪，等. 2012. 奶牛热应激评价指标研究进展. 中国兽医杂志，48(2)：62-64.